C·H·Beck
PAPERBACK

«Der Titel für die nachstehenden Überlegungen lautet: *‹Der Blick von Mond›* – womit die Hauptthese der Schrift formuliert wird, nämlicl die, daß das entscheidende Ereignis der Raumflüge nicht in der Errei chung der fernen Regionen des Weltalls oder des fernen Mondgelände besteht, sondern darin, daß die Erde zum ersten Mal die Chance hat sich selbst zu sehen, sich selbst so zu begegenen, wie sich bisher nu der im Spiegel sich reflektierende Mensch hatte begegnen können.»

Aus der Vorbemerkung von Günther Anders

Günther Anders wurde am 12. Juli 1902 in Breslau geboren. Nach den Studium der Philosophie 1923 Promotion bei Husser!. Danach gleich zeitig philosophische, journalistische und belletristische Arbeit ir Paris und Berlin. 1933 Emigration nach Paris, 1936 nach Amerika Dort viele «odd jobs», unter anderem Fabrikarbeit, aus deren Analys. sich später sein Hauptwerk ‹Die Antiquiertheit des Menschen› ergab Ab 1945 Versuch, auf die atomare Situation angemessen zu reagieren Mitinitiator der internationalen Anti-Atombewegung. 1958 Besucl von Hiroshima, 1959 Briefwechsel mit dem Hiroshima-Piloten Claud¬Eatherly. Stark engagiert in der Bekämpfung des Vietnamkrieges. – Auszeichnungen: 1936 Novellenpreis der Emigration, Amsterdam 1962 Premio Omegna (der ‹Resistanza Italiana›); 1967 Kritikerpreis 1978 Literaturpreis der ‹Bayerischen Akademie der Schönen Künste› 1979 Österreichischer Staats preis für Kulturpublizistik; 1980 Preis für Kulturpublizistik der Stadt Wien; 1983 Theodor- W.-Adorno-Preis de Stadt Frankfurt; 1992 Sigmund-Freud-Preis für wissenschaftlich, Prosa der Deutschen Akademie für Sprache und Dichtung. Günthe Anders starb am 17. Dezember 1992 in Wien. Eine Übersicht seine lieferbaren Werke bei C.H.Beck findet sich am Ende des Buches.

GÜNTHER ANDERS

Der Blick vom Mond

Reflexionen über Weltraumflüge

C.H.BECK

1. Auflage. 1970
2. Auflage. 1994

Unveränderter Nachdruck
3. Auflage. 2024

Einbandentwurf von Uwe Göbel, München
Druck: Beltz Grafische Betriebe GmbH, Bad Langensalza
Satz: C.H.Beck.Media.Solutions, Nördlingen
Printed in Germany
ISBN: 978 3 406 81884 4

www.chbeck.de

Für Ernst Bloch

in Freundschaft und Bewunderung

Inhalt

Anhang

Vorbemerkung

Diese Schrift stellt nicht die Ausführung eines Buchprojektes dar, vielmehr ist sie die Zusammenstellung von Reflexionen, die ich, während sich hoch über uns diverse Raumflüge abspielten, festgehalten habe. Die ersten dieser Eintragungen habe ich vor acht Jahren niedergeschrieben, in jener Zeit, in der den sowjetischen Kosmonauten Nikolajev und Popowitsch ihre erste Begegnung im Raum gelang. Der zweite, ungleich umfangreichere Stoß von Kommentaren und Reflexionen entstand später, nämlich in der Zeit der amerikanischen Mondumkreisungen und -landungen, also in den Jahren 68 und 69. Heute, im März 1970, steht der Flug von Apollo 13 noch bevor, wird aber in der Zeit der Veröffentlichung bereits der Vergangenheit angehören.

Bei der Niederschrift beider Teile habe ich mich nicht pedantisch auf das isolierte Thema Raumfahrt beschränkt, vielmehr den Horizont so weit wie möglich offen gehalten und bin, wo und wann mir das lohnend oder erforderlich erschien, aus dem Spezialgebiet ins Allgemeinere, aus der Reportage in philosophische Reflexion aufgestiegen. Warum ich das nicht nur für erlaubt, sondern für geboten hielt, bedarf wohl kaum einer Erklärung: Schließlich sind Raumfahrten, von Mondlandungen und -exkursionen ganz zu schweigen, nicht nur technische Leistungen, sondern Ereignisse, die uns Erdbewohner aufs tiefste berühren; Ereignisse, die in keinem Vakuum stattfinden, sondern in einem bestimmten geschichtlichen Augenblick, in unserer heutigen politischen, sozialen, psychologischen Welt, die so und so beschaffen ist. Von der Folie dieser Welt heben sich die Leistungen ab, in deren Licht werden sie zu dem, was sie sind; umgekehrt wird aber auch unsere heutige Welt und unser heutiges menschliches Dasein durch die Tatsache der Raumflüge aufs tiefste mitbeeinflußt und mitgeprägt.

Diese Aspekte werden in meiner Schrift nicht nur *auch* berücksichtigt, vielmehr werden *nur sie* behandelt, während die technische Seite der Raumfahrt völlig beiseite bleibt, teils deshalb, weil 99 Prozent der von Tag zu Tag stärker anschwellenden Raumfahrtliteratur sich ausschließlich auf die Schilderung und Erklärung der technischen Details beschränkt, teils deshalb, weil ich, was Technik und Physik betrifft, ein blutiger Laie bin und nicht mehr bieten könnte, als was bereits andere mit mehr Kompetenz besser gesagt haben.

Der Titel für die nachstehenden Überlegungen lautet: ‚*Der Blick vom Mond*' – womit die Hauptthese der Schrift formuliert wird, nämlich die, daß das entscheidende Ereignis der Raumflüge nicht in der Erreichung der fernen Regionen des Weltalls oder des fernen Mondgeländes besteht, sondern darin, daß die Erde zum ersten Mal die Chance hat, sich selbst zu sehen, sich selbst so zu begegnen, wie sich bisher nur der im Spiegel sich reflektierende Mensch hatte begegnen können. Tatsächlich wird die Erörterung dieser „Reflexion" einen so breiten Raum einnehmen und sich so oft wiederholen, daß die Titelwahl dadurch gerechtfertigt wird.

Viele Monate lang hatte ich einen anderen Titel in Erwägung gezogen: den an den Titel eines früheren Buches von mir anklingenden ‚*Die Antiquiertheit der Erde*'. Wenn ich auf diesen Arbeitstitel verzichtet habe, so, weil er zu weit ging, weil er anzuzeigen schien, daß wir im Begriff stehen, unseren Heimatglobus als obsolet anzusehen, diesen zu verlassen und unsere Zelte auf anderen Planeten aufzuschlagen – was natürlich Unsinn ist. Aber grundlos hatte ich den Titel nicht ins Auge gefaßt. Was ich mit ihm hatte anzeigen wollen, war, daß die Gedanken dieser Schrift mit denen des vor dreizehn Jahren publizierten Buches ‚Die Antiquiertheit des Menschen' aufs engste zusammenhängen. Tatsächlich gibt es wohl keinen Menschen, der die damals behauptete und geschilderte Obsoletheit des bisher gültigen Menschenmodells besser illustrieren könnte als der in die abgeschlossene Kapsel einmontierte Monteur, der, ganz abgesehen davon, daß er sich von seiner irdischen Heimat entfernt, in den Apparat als Teilstück eingefügt ist; und der, um „klaglos" gleichgeschaltet mit diesem Apparat funktionieren zu können, jahrelange „human engineering" genannte Modifikationen seiner selbst, genauer: Verdinglichungen seines Personseins über sich ergehen lassen muß. Wirklich ist hier das klassische Verhältnis von Mensch und Instrument total invertiert. Während bis vor kurzem das Instrument als die „Verlängerung" des Menschen gegolten hatte, und diese Betrachtung rechtmäßig gewesen war, ist nunmehr der Mensch zum Stück bzw. zur Verlängerung des Instruments geworden. Kaum irgendwo ist diese Umkehrung, deren Herrschaft oder Nichtherrschaft über die „Antiquiertheit" oder „Nichtantiquiertheit" des Menschen entscheidet, so deutlich sichtbar wie im Raumflug. Und es ist gewiß kein Zufall, daß einer der intelligentesten Astronauten, nämlich der Mondbesucher Aldrin, einem amerikanischen Blatte zufolge auf die Frage eines Reporters, aus welchem Grunde die USA denn noch immer anstelle von Apparaten richtige Menschen ins Universum hineinkatapultierten, eine Antwort gegeben hat, die dem Text der ‚Antiquiertheit' entnommen zu sein scheint. „Weil wir der Ansicht sind", antwortete Aldrin nämlich, „daß Menschen zuweilen noch dazu fähig sind, eine ganze Menge von dem zu leisten, was Maschinen leisten können." Zuweilen. Die ironisch gegebene Antwort ist wirklich witzig, weil sie die bisher übliche Frage, ob und wieweit Menschen durch Maschinen ersetzt werden können, auf den Kopf gestellt und in die andere Frage verwandelt hat, ob und wieweit Menschen noch Maschinen ersetzen können, – eine Frage, durch die er die totale Niederlage des Menschen bereits als fait accompli unterstellt – trotz der von ihm selbst gegebenen Antwort, daß zuweilen der Mensch den Apparat doch noch ersetzen könne.

Freilich scheint die weitere Entwicklung der Raumflüge zu beweisen, daß die Depersonalisierung der in den Raum geschossenen Piloten im Verlauf der technischen Entwicklung des Raumfluges ihren Höhepunkt bereits überschritten habe. Heute sind nämlich gewisse Handgriffe, namentlich die Landungsmanöver, ohne Steuerung des Vehikels durch einen Piloten nicht mehr „üblich" – offenbar hat es sich herausgestellt, daß die atavistischen Reste des Menschen, die trotz der Dressur, des „human engineering", noch geblieben sind, willkommen sind, daß diese Mitgift praktisch verwendbar ist, und zwar gerade in kritischen Situationen, in solchen Situationen, die rein maschinell nicht bewältigt werden können; daß es in nicht perfekt vorhersehbaren und kontrollierbaren Momenten ratsam ist, auf das Nichtproduzierte, eigentlich Nichtperfekte: nämlich auf Naturqualitäten des Menschen, genannt „Intelligenz“ und „Improvisation“ zurückzugreifen und mit deren Hilfe die schwierige Situation zu bewältigen. Aber das bedeutet natürlich kein generelles Zugeständnis, nicht das Zugeständnis, daß der nicht durch „human engineering“ konditionierte Mensch fähiger sei als der so konditionierte und verdinglichte. In ihren Augen ist die Tatsache, daß es gewisse Denk- und Reaktionsleistungen gibt, die der „natürliche Mensch“, der „Mensch im Rohzustande“ besser durchzuführen fähig ist als ein verapparatisierter Mensch oder als ein Apparat, lediglich ein erfreulicher Zufall, ein Zufall, der nichts Grundsätzliches beweist. Die „natürliche Fähigkeit“ wird als etwas Zusätzliches verstanden, das heißt als etwas, was zu den artifiziell hergestellten Fähigkeiten dazukommt; und als solche wird sie verwendet; etwa so, wie in gewissen orchestralen Musikstücken die vox humana als Trägerin einer instrumentalen Farbe den Instrumenten zugefügt wird, weil diese Farbe die Palette des Orchesters bereichert, aber vorerst von keinem der bekannten Orchesterinstrumente hervorgebracht werden kann.

Der Rückgriff auf den Menschen darf also nicht mißdeutet werden. Es kann keine Rede davon sein, daß die Raumfahrtingenieure die „Würde des Menschen“ wiederentdeckt und dessen Manipulierung und Verdinglichung widerrufen oder auch nur um eine Spur zurückgenommen haben. Wahr ist vielmehr, daß man in dem Improvisationsvermögen des Menschen und in dessen Fähigkeit, in unvorhergesehenen Situationen schlagartig richtige Entscheidungen zu treffen, eine willkommene *Ding-Qualität* erkannt hat, eine zwar nicht maschinell erzeugte, aber doch im Gang der Maschine nützliche, wenn nicht sogar unentbehrliche Eigenschaft; eine Eigenschaft, auf die man sich nun ebenso verläßt wie auf die durch „human engineering“ hergestellten Eigenschaften und Funktionen.

Wenn ich die hier vorliegende Arbeit ‚Die Antiquiertheit der Erde‘ hatte betiteln wollen, so natürlich auch deshalb, weil ich damit den strengen systematischen Zusammenhang zu zeigen wünschte, in dem meine diversen Arbeiten stehen. Tatsächlich darf ich wohl behaupten, daß alle meine seit der ‚Antiquiertheit des Menschen' herausgekommenen Veröffentlichungen monographische Variationen des Hauptthemas des größeren Buches gewesen sind. Ganz unbestreitbar gilt das von meinen Gedanken über Hiroshima und über Vietnam.[1] Freilich meine ich damit nicht, daß ich mit diesen „Monographien" darauf abgezielt hätte, die allgemeine These der „Antiquiertheit" zu illustrieren oder empirisch zu stützen; ebensowenig, daß ich sie als Stücke eines philosophischen Systems geplant, oder daß ich gehofft hätte, aus derartigen monographischen Steinchen ein Mosaik des Ganzen nachträglich zusammensetzen zu können. Vielmehr sind die monographischen Stücke allein deshalb entstanden, weil es sich bei jedem von ihnen – System hin, System her – um ein im politisch-moralischen und existentiellen Sinne brennend aktuelles Thema handelte. Wenn ich das Wort „System" so verächtlich ausspreche, so, weil es meine feste Überzeugung ist, daß Theoretiker, die heute im Zeitalter der durch ABC-Mittel möglich gewordenen Selbstzerstörung der Welt damit beschäftigt sind, aus Mosaiksteinchen ein ganzes Bild des Ganzen zusammen-

[1] Ob Systembemühungen im metaphysischen Sinne jemals rechtmäßig gewesen sind, das heißt: ob die Welt selbst von sich aus jemals so sehr „System", also Kosmos, gewesen ist, daß ihre philosophische Abbildung in Form eines Systems Anspruch auf Wahrheit erheben dürfte, das ist durchaus nicht bewiesen. Nicht nur *was* in philosophischen Systemen ausgesprochen wird, muß auf Wahrheit hin überprüft werden; genauso die Tatsache, *daß* die Aussage als systematische gemacht wird, denn „the form is the message", „die Form ist die Botschaft selbst", die Verwendung der Kategorie „System" stellt als solche bereits eine fundamentale Aussage über das Seiende dar. – Letztlich ist „System" vermutlich eine Kategorie der praktischen Vernunft, die heimlich in die „theoretische Vernunft" hinübergeschmuggelt worden ist; nein, noch nicht einmal eine der „praktischen Vernunft", sondern eine der *Praxis*. Denn diese ist insofern „systematisch", als sie versucht, sich die jeweilige Umwelt untertan zu machen und über diese so total zu verfügen, daß sie sich von jeder Stelle mit jeder anderen in Verbindung setzen kann, kurz: diese so zu beherrschen, als wäre sie, was das griechische Wort systema bedeutet, etwas Hergestelltes, bzw. Zusammengestelltes.

zusetzen, oder die heute auch nur einen Augenblick darauf verwenden, sich zu fragen, inwiefern die Welt *eine* sei, von vornherein im Unrecht sind. Das sind sie deshalb, weil es heute wirklich, nämlich im Vulgärsinne der Redensart, „ums Ganze" geht: nämlich um das Sein oder Nichtsein, um den Weiterbestand der Welt, gleich ob diese nun ein Ganzes ist oder ein „Unganzes". Wenn es heute einen Sinn hat, die Welt „eine ganze" zu nennen, so nicht aus dem positiven Grunde, weil alle ihre Teile zusammen einen erfreulich geordneten und schmucken „Kosmos" darstellten, sondern allein aus dem negativen, nämlich deshalb, weil sie von uns im ganzen zerstört werden kann und weil sie als ganze durch den Untergang jeder ihrer Teile untergehen kann.

Als Stücke eines philosophischen Systems habe ich meine diversen Arbeiten also nicht geplant. Damit ist freilich nicht gemeint, daß sie sich mit total disparaten Themen befassen. Vielmehr stehen sie – was selbst von den Übelwollenden unter meinen Rezensenten niemals bestritten worden ist – durchaus in systematischem Zusammenhang. Aber wenn das der Fall ist, so, wie gesagt, nicht deshalb, weil ihre Gegensätze zusammen ein prästabiliert harmonisches Ganzes bildeten, das von mir nun abgebildet würde, sondern allein aus dem negativ systematischen Grunde, weil die Bedrohungen und die Gefahren, mit denen sich meine Einzeluntersuchungen befassen, Teile und Varianten eines einzigen Zusammenbruches sind. Oder, moralisch ausgedrückt: weil die in meinen Einzelschriften anvisierten Protest-Positionen und -Aktionen Varianten eines einzigen Protests, also, in diesem moralischen Sinne, Stücke eines „Systems" sind.[1]

Einige kurze Bemerkungen für diejenigen, denen es auffallen wird und die Anstoß daran nehmen könnten, daß ich mich in meinen Erörterungen fast ausschließlich auf *amerikanische* Daten beschränke. Der einzige Grund für diesen Mangel ist die Tatsache, daß ich englischsprachige, aber nicht russische Druck-

[1] Die Ähnlichkeit dieser Formulierungen mit einigen der Grundgedanken in Adornos „Negativer Dialektik" braucht nicht eigens betont zu werden. Adorno hat seine Gedanken freilich ungleich breiter ausgeführt, als das hier in den Vorbemerkungen zu einem Spezialbuch möglich wäre.

erzeugnisse lesen und verfolgen kann. Es ist durchaus denkbar, daß viele der Feststellungen und Hypothesen, die ich amerikanischen Quellen entnommen oder aus solchen erschlossen oder mit amerikanischen Beispielen illustriert habe, ebenso gut aus russischen Quellen hätten erschlossen oder mit russischen Beispielen hätten belegt werden können; daß also vielen meiner Thesen generelle Geltung zukommt. Damit ist aber durchaus nicht gesagt, daß die Entwicklung hüben und drüben durchgehend parallel verlaufe. Wie nahe sich auch technische Absichten und Problemlösungen kommen mögen, vieles Nicht-Technische ist vermutlich in Sowjetrußland völlig anders als in den Vereinigten Staaten. Allein schon die Tatsache, daß es in der Sowjetunion keine den amerikanischen Big-business-Interessentengruppen entsprechenden Gruppen gibt oder geben kann, genügt, um gegenüber der Vermutung einer durchgehenden Parallelität der Entwicklung hüben und drüben skeptisch zu sein. Gewiß wäre es erforderlich und auch lohnend, eine gesonderte, ebenfalls nicht-technische Untersuchung der Rolle der Raumschiffahrt in der Sowjetunion durchzuführen.

Der erste Teil dieses Buches wurde zuerst veröffentlicht in der Zeitschrift ‚Merkur' im März 1963; Stücke des zweiten Teils erschienen in der gleichen Zeitschrift im September 1969.

ERSTER TEIL

Helden und Ignoranten

Tagebuchblätter während des sowjetischen Weltraumfluges
August 1962

§ 1. *Die Übermenschen*

Die zwei in kürzestem Abstand hintereinander abgeschossenen sowjetischen Ikarusse unterwegs. Damit die Möglichkeit der Errichtung einer ersten Raumstation nähergerückt, damit auch die einer ersten Mondlandung. Wie hinterwäldlerisch die von offenbar auf dem Mond lebenden Pathetikern erhobenen Schreie nach neuen Mythen. Was diese Schreier überhaupt noch wollen. Die Halbgötter oder Heroen oder *supermen*, oder wie immer wir sie nennen wollen, die rotieren ja bereits. Jahreszeitenlos. Tageszeitenlos. Und wenn diese durch den schwarzen Azur sausenden trotz unvorstellbarer Distanz einander zuflüsternden oder sogar zweistimmig Triumphlieder singenden Wesen keine mythischen Figuren sind, dann weiß ich nicht, was mythische Figuren sind.

Morgens im Garten. Wo die Zwei jetzt nur kreisen mögen. Da oben. Oder da unten. Absconditi. Der Himmel arglos, auch der Birnbaum hat nichts von ihnen gehört. Das macht sie unwirklich. Sehen möchtest du sie? Dann mußt du schon ins Haus zurück. Das wirkliche Draußen gibt's nur noch drinnen. Entweder phantomisiert auf dem Schirm deines Hausaltars oder nirgendwo. Tertium non datur.

Im ‚Kurier' ein paar Zeilenfetzen, herausgerissen aus dem offenbar schon amtlichen russischen Kosmonautenlied. Dessen Machart zwar konventionell, aber selbst aus diesem dürftig übersetzten Text springt noch der unwiderstehliche Übermut, jedenfalls hätte sich Kolumbus, wäre ihm dieser Ikarusgesang aus dem Nirgendwo ins Ohr geflogen, in den letzten Schiffswinkel verkrochen. – Auf Deutsch würde das Lied etwa so lauten:

Auf, auf, mein Freund, verlerne
die Allmacht der Natur!
Was heißt für uns schon Ferne?
Der Staub der letzten Sterne

trägt morgen unsere Spur.
Auf, auf, zu Ozeanen,
die niemand noch befuhr!
Wo heut wir Wege bahnen,
da kreuzen Karawanen
schon morgen im Azur.

Womit übrigens dem seit Jahrhunderten strapazierten Reimwörterpaar „Stern-Fern“ sein Epitaph geschrieben wäre. Denn wenn der Reim „das Ufer“ ist, „wo sie landen, sind zwei Gedanken einverstanden“ (Karl Kraus), dann haben die zwei Wörter ihr Reimrecht verloren. Jedenfalls würden die Sternfahrer, die Glenns und die Popowitschs, den „zwei Gedanken“ abstreiten, noch miteinander „einverstanden“ zu sein. – Hier der Reim natürlich Absicht. Dadurch naive Weiterverwendung der Reimwörter blockiert. Von nun an ergäben sie nur noch ungereimtes Zeug.

§ 2. Landungsbeschämung und fliegende Mumien

Zwischen der Eintragung heute früh und dieser in Z. gewesen. Hin- und Rückflug. Hoch über den Alpen. Hoch? Da oben in der wirklichen Höhe hat sich nichts geändert. Die Zwei rotieren auch jetzt noch.

Schon jeder unserer alltäglich gewordenen Flüge ein geistiges Korrektiv. Weil er unsere Froschperspektive aufhebt. Und unsere Maßstäbe annulliert. Dieser münzgroße Fleck dort unten die Stadt? Nicht der Rede wert. Dort kennt man dich? Lächerlich. Verkleinerung der Objekte als Wahrheitschance. Noch nützlicher deren völliges Verschwinden.

Und nun erst die Zwei da oben. Welche ungeheure Chance *die* haben müssen.

Umgekehrt: Jede unserer Ankünfte eine Antiklimax. Jede erniedrigend. „Landungsbeschämung“. Weil jede uns dazu zwingt, trotz besseren Wissens die bereits überwundenen Maßstäbe doch wieder anzuerkennen; die „falschen Zeugen“ doch wieder anzustellen; der verzerrenden „Naturgröße“ doch wieder zu vertrauen.

Und nun erst die Zwei da oben. Welche unerträgliche Landungsbeschämung *denen* bevorstehen muß. Welch eine Antiklimax. (Sofern sie, wie Glenn oder Gagarin, wirklich landen sollten.)

Zugegeben: Objektiv gesehen, ist die erfolgreiche Einholung der ins All geschossenen *supermen*, also deren Landung, die Krönung des Unternehmens. Durch sie „holen" wir die Leistung, die unsere eigenen Maßstäbe überholt hatte, wirklich „ein". Aber sie, die *supermen* selber?

Was bedeutet die Landung für sie? Was der Rückfall in die irdische Routine für sie? Was die Wiederaufnahme der überwundenen Maßstäbe für sie? Was kann, nachdem man als singender Gott die Erde umkreist hat, der Broadway noch bieten? Was der Rote Platz? Was die auf die Brust geheftete Medaille?

Dazu kommt die Regel „Arriving = Debunking". Das heißt: daß wer landet, damit seine mythische Qualität einbüßt. Ob die Helden vom Mond heimkehren oder vom Eiger, macht dabei keinen Unterschied. Ihre Rückkunft in unsere Niederungen wirkt als Rückfall, als Fall aus dem Übermaß zurück ins Menschenmaß. Und daß sie hier unten nun wieder wie unsereins aussehen, das ist nicht nur unvermeidlich, das empfinden wir sogar als unverzeihlich. Wie lärmend sie auch von Trompetenchören, von Präsidenten und von Fernseh-Teams in Empfang genommen werden mögen – die Trompeten schmettern vergeblich, die Präsidenten küssen vergeblich, die Fernseh-Kameras schießen vergeblich: Die großen Bahnhöfe sind nichts als Camouflage dieser Vergeblichkeit. Unvergleichlich viel „mythogener" als sie sind jedenfalls diejenigen, denen die Rückkehr nicht gelungen, denen die „Landungsbeschämung" erspart geblieben ist; jene, die dort oben irgendwo hoch über allen Gründen zugrundegegangen sind, und die nun entweder als erratische Objekte weiter in die bahnhofslose Öde hineinjagen, oder, in kleine Planeten verwandelt, bis zum Zeitenende unseren Globus weiter umkreisen werden.

Liebevoll klingt das nicht. Sogar so, als wäre mir der Gedanke an die fliegenden Mumien willkommener als der an die glücklichen Heimkehrer. Aber gemeint ist natürlich nur, daß wo alles wie am Schnürchen läuft, das Salz des Tragischen taub wird, damit auch das des Mythischen. Daß ohne Scheitern Mythen nicht gelingen können.

Diese fliegenden Mumien gibt es wirklich. Jetzt, da ich diese Worte niederschreibe, schießen einige von ihnen unaufhaltsam in die Tiefen des Raums, andere umkreisen uns unwiderruflich. Und wahrscheinlich werden sich die Bilder dieser toten Götter dem Gedächtnis der Menschheit tiefer einprägen als die der glücklicheren Heimkehrer, die übermorgen schon nur noch als die altmodischen Vorgänger bereits alltäglicher interplanetarischer Handelsreisender gelten werden, und überübermorgen schon vergessen sein werden. Die Erinnerung an Lilienthal ist auch heute noch frisch. Die an tausende seiner erfolgreicheren und begünstigteren Nachfolger nicht mehr. Die Verewigungschance derer, die groß gescheitert sind, ist stets größer gewesen als die der Glücklicheren, die den Hafen erreicht haben. Um wieviel größer wird die Chance derer sein, die, weil sie gescheitert sind, „nicht enden" können; deren gescheiterte Unternehmungen auch heute noch irgendwo im Weltraum unbehindert weiterscheitern und vielleicht – klingt das nicht schon fast wie Apotheose? – ewig weiterscheitern werden.

§ 3. Poughkeepsie

Noch einmal die „Landungsbeschämung". – Stimmt diese These denn wirklich? Oder nicht nur für fliegende Wahrheitsfanatiker? Wie geht es denn den weniger Überspannten? Liegt für die die Sache nicht einfach umgekehrt?

Vor vierzehn Tagen schrieb mir M. aus Poughkeepsie, sein Buch sei in Paris im „Figaro" hochgelobt worden; die Ehre sei aber an ihm abgeglitten. Unterdessen hat sich diese Uneitelkeit entpuppt als das, was sie ist: nämlich als Provinzialismus. Für Provinzler ist Ruhm in der Ferne eben kein Ruhm, als eingefleischter Kleinstädter hatte M. mit seinem Prestige in Paris nichts anfangen können. Unterdessen ist aber sein Parisruhm zu Hause „gelandet", nämlich im Käseblatt von Poughkeepsie. Und damit ist auch seine Eitelkeit wieder zu Kräften gekommen.

Und nun frage ich mich, warum die rotierenden *supermen* weniger kleinstädtisch sein sollen als M.

Unterstellt, statt der Presse hier unten, statt der New York Times und der Prawda, übernähmen es die eroberten Himmel selbst, die Ehre ihrer irdischen Eroberer zu rühmen. Statt auf Englisch oder Russisch schallten die Leitartikel in den Sprachen des Mondes oder der Venus. Und statt durch die Erdatmosphäre durch die Leer-Räume des Weltalls – was würde dieser himmlische Ruhm für die Ikarusse bedeuten?

Sowenig wie der Parisruhm für M. bedeutet hatte. Mindestens solange nichts, als er nicht auch auf Erden gelandet wäre. Als er nicht auch in der New York Times oder in der Prawda widerhallen würde. In Poughkeepsie.

„Landungsbeschämung"? Läßt sich das aufrechterhalten? Gilt nicht umgekehrt, daß diese *supermen* nur für hier unten fliegen? Nur nach irdischem Ruhm dürsten? Nur in hiesigem Kleingeld ausgezahlt zu werden wünschen? Und ob das nicht sogar für diejenigen gilt, die sich der Gefahr, im Weltall zu verschwinden, bewußt sind?

Unterstellt, ein Startender hätte die Gewißheit, daß im Falle seines Scheiterns die Himmel selbst es übernehmen würden, die Großartigkeit seines verfehlten Unternehmens und die Märchenhaftigkeit seiner nicht mehr aufzuhaltenden Reise ins Grenzenlose von Planet zu Planet zu verkünden – wäre das für ihn irgend ein Trost?

Nicht der mindeste. Tröstlich wäre für ihn allein der Gedanke an die Ruhmeshalle hier unten, versöhnend allein die Gewißheit, in dieser irdischen Halle zu „landen". Die Tatsache dagegen, daß diese Halle nicht ausreicht: daß sie unberühmt ist in den unendlichen Räumen seiner Ruhmestat, verschwindend klein im Vergleich mit diesen Räumen, lächerlich eng für das, was Weltruhm im Zeitalter des Weltraums allein bedeuten kann – die würde ihn dabei nicht stören, nein, ihm noch nicht einmal zu Bewußtsein kommen. Als sich der bei den Zyklopen zurückgelassene Grieche seinen trojanischen Mördern auslieferte, da ermutigte er sich mit der erstaunlichen Erklärung:

„Sterb ich, so tröst ich mich doch,
von Menschenhänden zu sterben." (Aen. III, 604)

Eine ähnliche Ermutigung könnte man einem startenden Kosmonauten in den Mund legen: „Verfehle ich den Umkreis des Menschlichen, so tröste ich mich doch mit der Hoffnung auf menschliches Fehlen. Nämlich mit der Hoffnung, daß mein Verschwinden aus dem Umkreis des Menschlichen nicht verschwinden werde, daß es unter Menschen bekanntbleiben werde. Solange mir dieser Mindestwunsch erfüllt bleibt, solange werde auch ich nicht restlos fehlen." Poughkeepsie.

§ 4. *Zwitter*

Zeitungen voll von Beweisen für ihre Zwitterhaftigkeit. Und für das „Erdweh", unter dem sie leiden. Beschränken ihren Verkehr nicht auf Gleichrangige, halten auch mit uns Unterweltlern noch den Kontakt aufrecht, benötigen auch uns noch, fühlen sich noch als Abkömmlinge ihrer Abschußländer, sogar noch als Kinder ihrer Parteien. Höhepunkt: Der Halbgott Nikolajew gierig auf den Ausgang eines Sportmatchs in seinem von dort oben aus unsichtbar (nein, glatt ungültig) gewordenen Heimatdorfe. Obwohl objektiv Marathonrenner im Wettlauf um den Mond, und objektiv millionenmal schneller als der beste Renner hier unten, fürchtet er doch, im Wettlauf zwischen dem Nachbarort und seinem könnte dieser besiegt worden sein; und damit auch er. Also lokalpatriotisch *und* planetarisch. Breitere Kluft zwischen objektiver Rolle und subjektiver Sorge unvorstellbar. Der Sinn der Behauptung aus der ‚Antiquiertheit': *„Der Mensch ist kleiner als er selbst"* hier zugespitzt zu: *„provinzieller als er selbst"*.

Verdacht: Der Geozentrismus als pragmatisches Prinzip – als solches war er durch Kopernikus niemals erschüttert – wird auch diesmal nicht erschüttert werden. Umgekehrt wird er sich steigern, und zwar im gleichen Verhältnis, in dem der Umkreis des Eroberten sich ausdehnen wird.

Wir werden durch die Erweiterung unserer Welt nicht erweitert werden. Umgekehrt werden wir durch diese Erweiterung noch egozentrischer, noch zentripetaler werden. Pausenlos werden wir gezwungen sein, die Ferne in den Dienst der Nähe zu stellen, die gefangenen Planeten zu domestizieren, die eroberten Gebiete als strategische Basen, als Rohstoffe, als Prestige-Geräte für hier unten einzusetzen. In anderen Worten: Verlassen werden die Kosmonauten die Erde nicht. Umgekehrt werden sie das irdische Sprungbrett mit sich nehmen, das Draußen zur „Groß-Erde" machen (entsprechend der Magna Graecia) oder zur „Neu-Erde" (entsprechend der „Nova Scotia"). Entgegen dem Geschwätz vom „Ende des Kolonialzeitalters" steht dieses uns erst bevor. So gewiß die Geschichten von „unterentwickelten Planeten" oder von „Wars of Independence" nur Ausgeburten analogiesüchtiger Science-Fiction-Autoren sind, wie gehabt werden auch die Eroberungen leere Gestirngebiete sein.

Amerikanische Zeitungen. Atemlos vor Eifersucht und Konkurrenzangst. Was den eben formulierten „Verdacht" bestätigt.

Die zwei Mammutmächte kämpfen um die Eroberung des Außerirdischen? Gewiß. Aber um hier auf Erden zu triumphieren.

Die Unternehmungen sind grandios? Gewiß. Aber deren Beweggründe medioker.

Die Zukunft hat schon begonnen? Gewiß. Aber im Dienste der Vergangenheit.

Motor des Extraglobalismus: Nationaleitelkeit.

Motor des Zentrifugalismus: Egozentrismus.

Motor des Prometheismus: Mißgunst.

Ergo: „Zwitter" sind nicht nur die individuellen *supermen*, sondern auch die Supermächte selbst. Und zwar „Geschichtszwitter" – was bedeutet, daß ihre technischen Mittel zwar schon ins Übermorgen hineinreichen, aber ihre politisch-egozentrischen Ziele noch dem Vorgestern angehören. „Unsynchronisiertheit" als Geschichtskategorie.

§ 5. Einmontierte Monteure

„Weltraumhelden" heißen sie in der Presse.

Helden? Sind sie das wirklich? Dadurch Helden, daß sie aus ich weiß nicht wievielen möglichen Kandidaten aufgrund der Auswertung gewisser Human Engineering Tests ausgewählt worden sind? Wären nicht Hunderttausende genau so bereit gewesen? Hätten sich nicht Tausende dazu gedrängt? Ist es heldenhaft, sich verwenden zu lassen? Und dazu noch als Geschoßteil? Wäre es nicht vielleicht heldischer gewesen, Schande zu riskieren, nämlich laut und vernehmlich zu fragen: „Wozu?" Ist nicht Angst vor Schande stets größer als die vor dem Sterben? War nicht auch *ihre* Angst vor der Schande größer als die vor dem Sterben? Ist nicht die Gefahr, die Millionen Anonyme in anonymen Kämpfen, also ohne die geringsten Ruhm-Chancen, seit Jahrtausenden riskiert haben, genau so groß gewesen wie ihre? Nämlich genau so tödlich? Ist ihre Kühnheit nicht Trug? War nicht ihre Leistung längst schon von anderen beschlossen? Ihre „Größe" längst schon von anderen einkalkuliert? Inwiefern ist die Leistung überhaupt *ihre*? Sind sie in diese nicht einfach nur einmontiert? Als die letzten für die Durchführung unerläßlichen Monteure? Als „einmontierte Monteure"?[1]

Wir belächeln den „magischen Denkstil" der „Primitiven"; deren Glauben an die Ansteckungskraft sakraler Qualitäten; deren Überzeugung, daß auch ihnen, wenn sie ihre sancta berühren, Heiligkeit zukomme.

Ist unsere Logik nicht genau so primitiv? Denken wir nicht genau so magisch, wenn wir die zwei deshalb, weil sie mit der großartigen wissenschaftlich-technischen Leistung zufällig in Kontakt gekommen sind, für angesteckt halten? Und auch ihnen „Größe" zusprechen?

Helden? Die Ehren, die die beiden (unterstellt sie kehren heim) morgen entgegennehmen werden, die werden „fremde Federn" sein – Federn, die eigentlich nur den Wissenschaftlern und Technikern zukommen werden.

Ihre Schuld wird dieser Betrug freilich nicht sein, mit den fremden Federn werden sie geschmückt *werden*. So ungerechtfertigt es heute ist, ihre Kosmonautenfahrt als ihr Verdienst und als ihre Leistung zu preisen, so ungerecht würde es mor-

[1] Bestätigung 4. Oktober: In einer Pressekonferenz in Houston, Texas, erklärte der Raumpilot Walter M. Schirra: „Ich hatte das Gefühl, einfach alles laufen lassen zu können."

gen sein, ihnen die falsche Glorifizierung dieser Leistung als ihren Betrug anzukreiden. Auch morgen, auch als Heimkehrer, werden sie noch „einmontiert" sein. Zwar nicht mehr in die Raketenmaschinerie, aber doch, nach raschem Umsteigen, in eine „Ehrungsmaschinerie". Und dieser Ehrungsmaschinerie Widerstand zu leisten, das wird ihnen genau so wenig freistehen, wie es ihnen heute freisteht, der Raketenmaschinerie Widerstand zu leisten.

Peinlich muß das sein, müßte das mindestens sein, unter „Ehrenpflicht" nun die Pflicht zu verstehen, Ehrungen, die anderen zukommen, einzustecken. Aber da hilft nichts. Wer einmal zu einer Apparatrolle *A* Ja gesagt hat, oder in ein solches Ja hineingelotst worden ist, dem bleibt eine andere Wahl dann nicht mehr übrig, zur Verwendung *B* oder *C* kann der dann nicht mehr Nein sagen, der muß dann auch bereit dazu sein, bei der Entgegennahme von Medaillen als Apparatstück zu fungieren und sich selbst noch durch Ehrungen entwürdigen zu lassen.

So ist es zum Beispiel dem Raumpiloten Glenn passiert, daß er nach seiner Landung in den vielbeneideten Rang eines Wasserski-Begleiters der Präsidentengattin aufzurücken und mit dieser triefend und smiling vor der bildgierigen Welt zu posieren hatte. Nein, schlimmer. Der Ärmste hat es sich ja sogar gefallen lassen müssen, als eventueller Präsident der USA ins Gespräch gebracht zu werden. Man stelle sich das vor:

Weil er sich als Geschoß bewährt hatte;
dann bejubelt und tausendfach photographiert worden war;
und zwar für eine Leistung, die nicht die seine war;
nein, die er als Nicht-Wissenschaftler gar nicht verstehen konnte –

aufgrund dieser Qualifikationen hat er es sich zumuten lassen müssen, für das ehrenvollste und verantwortungsschwerste Amt unserer apokalyptischen Zeit vorgeschlagen zu werden. Peinlich muß das für ihn gewesen sein. Müßte das jedenfalls gewesen sein.

„Ehrungen sind Bumerangs", heißt es bei den Papuas und: „Ehrungen ehren die Ehrenden" – womit sie allein gemeint haben können, daß diejenigen, die Ehren verleihen, damit bezwecken, sich in dem reflektierten Glanz der verliehenen Ehre zu sonnen, also selbst an Glanz zuzunehmen. So gesehen, sind Ehrenentgegennahmen keine Auszeichnungen, sondern Beiträge zur Produktion des Stolzes anderer; Dienste, die die Ehrenempfänger denjenigen leisten, die es lieben (oder nötig haben oder dazu angehalten werden sollen), auf Ehrenfiguren stolz zu sein. Und so gesehen ist Glenn nicht dekoriert, sondern selbst Dekor; kein Medaillenträger, sondern selbst eine Medaille: eine Medaille an der breiten Brust der Vereinigten Staaten.[1]

§ 6. Ignoranz der Ignoranz

Derjenige von uns, den es einmal treffen wird, als Erster einen Auslöseknopf zu drücken, um Bevölkerungen auf der anderen Globusseite zu zerstrahlen oder zu „zersaften“,[2] der wird in ein Unternehmen einmontiert sein, dessen Format hinter dem des Kosmonautenfluges gewiß nicht zurückbleiben wird. Aber wird diese Auslösung des immens großen Verbrechens den Auslöser mit-immens, also zu einem enormen herostratischen Helden machen?

Nein.

Warum nicht?

Weil die Grundbedingung des Heldentums nicht erfüllt sein wird. Zum Helden gehört es nämlich, daß er identisch mit seiner Tat sei; vom mythischen Helden gilt sogar, daß sein Name

[1] Ganz gerecht werden diese Sprichwörter der Glenn-Situation freilich noch nicht. Aber wie hätten die Papuas auch die Epoche totaler Arbeitsteilung voraussehen können, in der diejenigen, denen man Leistungen verdankt, und diejenigen, denen man für diese dankt, nicht mehr identisch sein würden, in der es also einmal professionelle Dankempfänger geben würde?

[2] „To juice“ – technischer Ausdruck für diejenige heutige Kriegshandlung, die organische Stoffe, also auch Menschenfleisch, aufkocht und liquidiert, tote Produkte dagegen intakt läßt. „Du sollst nur Tötbares töten“, müßte heute das erste Atomkriegsgebot lauten, „Totes dagegen niemals. Denn dieses könntest du noch verwenden.“

überhaupt nichts anderes beinhalte als den Inbegriff seiner Taten: Herakles war, was er getan hat und sonst nichts. Gleichviel, die Mindestbedingung für Identität besteht darin, daß der Täter seine Tat will; daß er in actu weiß, was er tut; und daß er, liegt die Tat hinter ihm, zu dieser steht. Von dieser Minimum-Bedingung für Identität wird unser Herostrat nun aber ausgeschlossen bleiben: Wollen wird er überhaupt nichts; die Bewandtnis seines Handgriffs in actu zu verstehen, wird ihm nicht erlaubt sein; und zu begreifen, was er getan hat, ebensowenig.[1] Und das ist keine Hypothese, sondern eine schon heute belegbare Feststellung. Denn auch heute schon sind z. B. die Mannschaften der USA-Raketenbasen nicht darüber unterrichtet, auf welches Vernichtungsziel ihre Waffe ausgerichtet ist; diskret trägt jede Rampe lediglich eine Nummer, die vom Gebraucher ebensowenig in einen Namen zurückübersetzt werden kann wie eine Telefonnummer. Das „sie wissen nicht was sie tun“ des Evangeliums ist systematisch in ein „ihr braucht nicht zu wissen, was ihr tut“ umgemünzt worden, nein sogar in das Gebot: „ihr dürft nicht wissen was ihr tut“.

Natürlich klingt diese Formel überspitzt. Erkennt man in ihr aber die Verbotsformel der heutigen industriellen Arbeit, dann leuchtet sie sofort ein. Denn zu deren Wesen und deren „Moral“

[1] Zur „Zerstörung der menschlichen Handlung“, die heute systematisch durchgeführt wird, gehört nicht etwa nur, daß wir in actu nicht wissen (und nicht wissen dürfen), was wir tun; sondern auch, daß wir post festum nicht wissen sollen, was wir getan *haben*. Die von uns verlangte Gewissenhaftigkeit ist ein Euphemismus, sie läuft auf befohlenen Gewissensverzicht hinaus. So wurde der Hiroshimapilot Eatherly einzig und allein deshalb interniert, weil er dem Gebot, seine Tat zu vergessen, Widerstand leistete und darauf bestand, das, was er in actu nicht gewußt hatte, und nicht hatte wissen dürfen, mindestens nachträglich zu wissen. – Die bekannte Aufforderung zur „Bewältigung der Vergangenheit“ ist, da sie in einer Welt erhoben wird, die tagtäglich Löschung von Vergangenheit von uns verlangt und uns, wenn auch nicht in hörbaren Worten, von morgens bis abends zum Vergessen aufruft, zutiefst unwahrhaftig. – (Zum Begriff „Zerstörung der Handlung“ vgl. des Verf. ‚Thesen zum Atomzeitalter‘ in ‚Das Argument‘, Oktober 1960)

gehört ja die Ignoranz: nämlich, daß der Arbeitende vom Produktionsziel (also vom Endprodukt, dessen Verwendung und dessen Effekt) entfremdet bleibe, daß er von diesem so wenig wie möglich wisse, daß er sich um dieses nicht kümmere, daß er für dieses keine Verantwortung beanspruche; daß er sich vielmehr ausschließlich, das allerdings „gewissenhaft", auf seinen arbeitsteiligen Handgriff konzentriere.

Die Gültigkeit dieses Ignoranzgebotes innerhalb des Spezialfeldes „heutige industrielle Arbeit" wird niemand bestreiten. Aber dieses Zugeständnis wäre, wenn überhaupt eines, nur ein halbes. Und zwar deshalb, weil der Typ der heutigen industriellen Arbeit längst schon aufgehört hat, eine Spezialität zu sein; weil sich umgekehrt – darin besteht, was ich die „Zerstörung der Handlung" nenne – nahezu jede menschliche Tätigkeit diesem Typus von Aktivität angeglichen hat; weil sich die Arbeit, die einmal *eine* Handlungsart unter anderen gewesen war, zur Gattung ausgeweitet hat, der nun alle anderen Aktionsarten als Varianten zugehören.[1]

Zwilling des Arbeiters, oder unverblümt: ein Arbeiter, wird also auch unser Herostrat sein, da er, wenn er seine Rakete auslösen wird, weder die Pflicht noch das Recht haben wird, das Ziel oder die Opfer seiner Rakete zu kennen, diese also nicht kennen wird; genausowenig wie sein Kollege in der chemischen Fabrik die Verwendung des Präparats, das er miterzeugt, kennt, also weiß, ob dieses der Vertilgung von Ratten dienen wird oder von Moskitos. Und dessen Zwilling ist er vor allem sub specie der Moral: Denn da er nicht weiß, wen er tötet, gilt seine Tat auch nicht als unmoralisch, auch in seinen eigenen Augen nicht; als genausowenig unmoralisch wie die Arbeit des Chemiearbeiters, der nicht weiß, welche Tiergattung durch sein Präparat eingehen könnte oder eingehen soll.[2]

[1] Analog der Ausweitung des Konsums zur Gattung, der nunmehr alle Arten von Muße als Spielarten zugehören.

[2] Die Tatsache, daß es heute keine „Arbeiter" und kein „Proletariat" mehr gibt, daß selbst diese Ausdrücke schon verkümmern (und durch idyllischere wie „Arbeitnehmer" oder „Sozialpartner" ersetzt werden), erklärt sich nicht etwa nur aus dem heute erreichten bour-

In anderen Worten: Das Gebot „Du sollst nicht töten" gilt für uns nicht mehr schlechthin, wir dürfen es einschränken, und zwar durch die Klausel: „es sei denn, du weißt nicht wen du tötest". Ist diese Bedingung erfüllt, dann dürfen wir, dann sollen wir sogar. Das bedeutet freilich: im Betrieb immer. Denn diese Bedingung ist ja, da wir im Betrieb eo ipso mit dieser Ignoranz ausgestattet sind, ausnahmslos erfüllt. Wann aber wären wir nicht „im Betrieb"? Also bleiben wir, was immer wir tun, unangreifbar und integer. „Ignoranz" heißt die Retterin unserer Integrität.

Freilich gibt es Umstände, unter denen es schwierig oder unmöglich ist, die gewünschte Ignoranz vorzufabrizieren und das Ignoranz-Serum den „Tätern" gebrauchsfähig zu injizieren. In solchen Fällen haben diese selbst mit Hand anzulegen: ihre Ignoranz mitzuerzeugen, für deren Haltbarkeit mit Sorge zu tragen. Dieser Pflichtbeitrag heißt „Vergessen". Die Verweigerung dieser Pflicht gilt als illoyal oder als Zeichen geistiger Abnormität. Die schon in Molussien bekannte Regel: „Wer vergißt, seine Tat zu vergessen, ist pflichtvergessen" hat erst heute ihre totale Verbindlichkeit gewonnen. Denn heute gilt in der Tat, daß unsere Pflicht zum Vergessen alle unsere Rechte gebrochen hat: unser Recht auf Erinnerung, unser Recht auf Vergangenheit, unser Recht darauf, uns mit unseren Taten zu identifizieren. Wie fest man sich bereits auf die Erfüllung dieser Pflicht verlassen kann, das beweisen zum Beispiel die Interviews, denen man, um die Illoyalität und die Krankhaftigkeit des nichts vergessenden Eatherly ins rechte Licht zu setzen, die Teilnehmer an der Hiroshima-Aktion unterzogen hat. Denn deren Worte liefen immer wieder auf die Zusicherung hinaus, daß sie

geoisen Lebensstandard der Arbeiter, sondern außerdem daraus, daß alle Tätigkeit zu „Arbeit" geworden ist. Der Arbeiter als Spezialfigur ist im Ozean der universell gewordenen Arbeit ertrunken. Daß die Differenz zwischen dem Arbeiter und dem Angestellten verschwunden ist, das ist ja bekannt; aber ebenso verschwunden ist die zwischen dem Arbeiter und dem Soldaten, da eben auch dieser zum Arbeiter geworden ist – eine Tatsache, die, namentlich in totalitären Staaten, gern auf den Kopf gestellt wird: Dafür typisch die Zusammenfassung der (dadurch angeblich geehrten) Arbeiter in „Arbeitsheeren".

schon längst und ganz von sich aus an die Sache nicht mehr dächten (und sie deshalb auch wiederholen würden).

Ist diese These wirklich aufrechtzuerhalten? Wird denn die Ignoranz unseres ersten Knopfdrückers wirklich total sein? Wird er nicht doch ein wenig Bescheid wissen? Wird ihm nicht dies und jenes, z. B. die mögliche Zahl der von ihm erwarteten „Megacorpses" bekannt sein?

Gewiß, dies und jenes wird ihm bekannt sein. Aber der Geltung unserer These tut das keinen Abbruch. Im Gegenteil.

Was heißt das?

Daß sein Wissen „ohne Golddeckung" auftreten wird, nämlich ohne adäquate Vorstellung des Gewußten, und dadurch eine Spielart von Nichtwissen darstellen wird, nein sogar die optimale Spielart von Nichtwissen. Denn diese „mangelnde Golddeckung" bedeutet, daß er nicht trotz seiner Kenntnisse Ignorant bleiben würde, sondern gerade durch diese. Jargonausdrücke wie „Megacorpse" (und andere werden den Beteiligten offiziell gar nicht ausgehändigt) zielen stets, und zwar stets gleichzeitig, darauf ab,

1. die Vorstellung dessen, was sie angeblich vermitteln, zu unterbinden,[1]

2. dem der Vorstellung Beraubten die Illusion zu geben, daß er *doch* Bescheid wisse; ihn also daran zu hindern, daß er wisse, daß er nichts wisse.

[1] Gründlicher kann Sprache nicht pervertiert werden. Denn die ursprüngliche Hoffnung aller Worte ist es natürlich, die Präsenz, mindestens das Vorstellungsbild dessen, was sie bezeichnen, heraufzubeschwören. Hier dagegen zielt das Wort auf die Verhinderung der Bildwerdung des Bezeichneten ab, auf Fortbeschwörung des Bildes, also gewissermaßen auf einen „Ikonoklasmus". – Dieser Ikonoklasmus muß natürlich mit der heute herrschenden Bilderflut (Fernsehen, Reklame) und mit der heutigen „Idolatrie" zusammen gesehen werden. Die zwei, Ikonoklasmus und Idolatrie, sind Stücke eines einzigen Prozesses: Die Produktion der Idole hat die Funktion, die des Ikonoklasmus zuzudecken – es ist, als stellte man, um gewisse Bilder abzuschirmen, andere Bilder als „Spanische Wände" her.

Die Antwort auf die Frage „Ist die These aufrechtzuerhalten?" darf daher sogar lauten: „Gerade weil unser Knopfdrükker ein bißchen bescheidweiß, ist sie aufrechtzuerhalten."

Daß wir von dem, was wir zu tun haben, überhaupt nichts wissen, daß wir als nackte Ignoranten unserer Taten herumlaufen, das geschieht nur höchst selten. Was vorherrscht, ist vielmehr diejenige Spielart von Nichtwissen, die in halbem Wissen besteht; heute normal ist es, daß wir kostümiert als Unterrichtete auftreten. Und das tun wir nicht etwa deshalb, weil wir Betrüger wären, oder weil wir es liebten, uns zu kostümieren – auch von dieser Tarnung wissen wir ja nichts –, sondern allein deshalb, weil die (uns als Serum zugedachte) Ignoranz anders als in jener Packung, die den Aufdruck „Informiertheit" trägt, gar nicht mehr erzeugt und geliefert wird. Seit langem kommen Arzneipillen in sogenanntem „sugar coating" auf den Markt. Diesem Zuckerguß entspricht das „knowledge coating", in das die Ignoranz eingehüllt wird. Diejenigen, die uns als Ignoranten benötigen, und die deshalb unsere Ignoranz herstellen, die geben diesem ihrem Erzeugnis von vornherein das Aussehen von „Wissen". Und dieser Trick stammt nicht etwa erst von gestern, vor bald zwei Jahrzehnten war er schon genau so gebräuchlich wie heute. So hatte man zum Beispiel die Ignoranz, die man den Mannschaften der „Hiroshima-Mission" verabreichte, auch schon in diesen Zuckerguß scheinbarer Information eingehüllt. Denn als diese Männer losflogen, da wußten sie nicht etwa gar nichts, vielmehr hatte man ihnen mitgeteilt, daß sie diesmal eine besonders große Bombe mit sich führten, und daß sie als „victory boys" zurückkommen würden. Aber gerade damit hatte man ihre Ignoranz besiegelt. Diese zwei Tropfen Information waren das Mittel gewesen, mit dessen Hilfe man sie um die wirkliche Information hatte betrügen können. Dialektisch formuliert: Das ihnen zugestandene Wissen hatte man so dosiert, daß es dazu ausreichte, um sie daran zu hindern, zu wissen, daß sie nichts wußten. Wer einwendet, durch das Zugeständnis der „besonderen Größe der Bombe" habe ihre Informiertheit ja doch ein Körnchen Wahrheit enthalten, der verrät dadurch nur, daß auch er zu den Opfern des Betrugs gehört. Denn mit diesem Zugeständnis der besonderen Größe verfolgte man ja umgekehrt gerade das Ziel, das qualitativ Neuartige des Vernichtungsmittels, also den „Umschlag aus der Quantität in die Qualität" zu unterschlagen. Solange ein Betrüger das zu Verniedlichende einer falschen Klasse zuteilt, solange kann er es sich sogar erlauben, diesem ein besonders großes Format einzuräumen. In der Tat haben ja die damals so „Unterrichteten", eben mit der einen Ausnahme Eatherly, selbst heute über Hiroshima noch nichts zugelernt, selbst heute meinen sie ja noch achselzuckend: „Ob nun so eine Bombe oder so eine" – als derart wirksam hat sich die ihnen damals in der Verpakkung „Wissen" verabreichte Ignoranz also bewährt.

Ergo: Da die als „Wissen" verpackte Ignoranz auch die Ignoranz der Ignoranz in sich begreift, ist sie die beste aller möglichen Ignoranzen.[1]

§ 7. Drei Regeln

Nein, Helden sind wir nicht.

Umgekehrt gilt die Regel von der „umgekehrten Proportion". Und diese lautet:

1. „Je größer die Unternehmungen, um so kleiner, verkümmerter und unfreier müssen diejenigen werden, die, in diese Unternehmungen eingebaut, deren Erfordernissen verläßlich

[1] Bekanntlich wird diese Ignoranz zumeist mit Hilfe irreführender Vokabeln erzeugt. Aber es wäre falsch, sich dieses Betrugsvokabular als reines Verfremdungsvokabular vorzustellen. Dieses (dem etwa die Wörter „megacorpse" oder „ABC-warfare" zugehören) stellt nämlich nur eine Hälfte des verwendeten Vokabulars dar, die Manipulatoren von heute nehmen uns in eine „linguistische Zange". Was heißt das? – Daß sie neben den verfremdeten Ausdrücken stets über korrespondierende „pseudo-menschliche" Ausdrücke verfügen, über Ausdrücke, die uns: den Apparatstücken, weismachen, wir seien doch im menschlichen Sinne „Handelnde"; und daß sie uns immer zwischen die zwei verschiedenen Vokabulare einklemmen. Wenn sich die „linguistische Zange" schließt, dann nähert sich z. B. von der einen Seite das verfremdete Wort „ABC-warfare", von der anderen Seite aber kommt das St. Georg-hafte Wort „Atomschwert" auf uns zu, das uns, gleich

nachkommen sollen; um so unentbehrlicher werden diese Mängel; um so systematischer werden diese Mängel produziert."

Diese Regel ist, obwohl allgemeingültig, nicht allgemein bekannt, nein sogar unbekannt. Und das nicht zufällig, sondern deshalb, weil ihre Nutznießer (die Dirigenten der immensen Unternehmungen) die Unbekanntheit der Regel ausdrücklich produzieren. Und das tun sie deshalb, weil eine weitere Regel gilt, diejenige, die ihre „Freiheit der Freiheitsberaubung" formuliert. Diese lautet:

2. „Ideal verkümmert und ideal unfrei sind Opfer allein dann, wenn sie nicht wissen, daß sie verkümmert und unfrei sind."

Oder pragmatisch, also in Form einer Maxime: „Unterdrükken kannst du solange, als du die Unterdrückten daran hinderst, ihr Unterdrücktsein zu spüren; also solange, als du auch die Evidenz des Unterdrücktseins mitunterdrückst."

Das klingt natürlich absurd. Denn nichts scheint ja näher zu liegen als der Einwand: „Unterdrückte daran zu hindern, ihr Unterdrücktsein zu spüren, das ist nicht möglich; ebensowenig möglich, wie es erforderlich ist, Unterdrückte über ihr Unterdrücktsein erst eigens zu belehren – ob wir frei sind oder nicht, das merken wir Menschen wahrhaftig alleine."

ob wir Knopfdrücker sind oder nur prospektive Opfer, einredet, daß irgendjemand irgendjemandem (vermutlich dem Drachen der Unfreiheit) den blanken Stahl in den Schlund stoße. – Bilder lassen sich genauso verwenden. Da stempelt z. B. die Britische Post auf Umschläge (selbst auf die der Atomgegner) eine für den imaginären Atomschutz werbende Figur: einen Ritter, den wir uns vermutlich als Vorbild nehmen sollen, weil er die Radioaktivität heldenhaft mit einem mittelalterlichen Schild abwehrt. – Zu betonen, daß wir hier das Wort „menschlich" (in „pseudomenschlich") nicht in dem engen Sinne von „menschenfreundlich" oder „den Menschen respektierend" verwenden, sondern in dem viel breiteren von: „dem Menschenmaß entsprechend", ist überflüssig. Selbst das blutige Nahkampfgeschehen, das das Wort „Schwert" nahelegt, ist natürlich immer noch etwas Menschliches, da es von Menschen vorgestellt werden kann, und weil es die erfolgreiche Heldenaktion des Einzelmenschen als möglich unterstellt. Und wenn man ihn mit den immensen Knopfdruckeffekten von heute vergleicht, dann ist der Nahkampf ja geradezu das Modell von Humanität.

Aber dieser Einwand entspringt einem Vorurteil, gerade demjenigen, auf das die zweite Regel rechnet. Ein Vorurteil ist es deshalb, weil eine dritte Regel gilt, und zwar eine, die die „Bedingung der Erkenntnis der eigenen Unfreiheit" betrifft. Diese lautet:

3. „Nicht jeder ist in der Lage, seine eigene Unfreiheit wahrzunehmen. Diese Wahrnehmung setzt vielmehr ein letztes minimales Rudiment von Freiheit voraus. Nur der partiell noch Freie kann seine Unfreiheit erkennen. Ist ihm auch dieser letzte Rest entzogen, dann ist ihm damit auch die Chance, diesen Verlust zu erkennen, entzogen."

Nun ist es aber plausibel, daß wir, der Freiheit beraubt, auch von der Kenntnis dieser Regel ausgeschlossen sind. Daher kommen wir Opfer nicht auf den Gedanken, daß die zweite Regel gelten könnte. Und genau das ist der Zustand, in dem uns derjenige, der uns der Freiheit beraubt, zu sehen wünscht. In anderen Worten: Wenn uns der Einwand gegen die zweite Regel so nahe liegt, so letztlich, weil der Feind uns so nahe liegt: so nahe nämlich, daß er uns diesen Einwand nahelegen kann. Und das tut er deshalb, weil ihm seine Freiheit der Freiheitsberaubung allein dann als restlos gesichert gilt, wenn es ihm gelingt, uns einzureden, daß wir schon ganz von allein wüßten, ob wir frei seien oder nicht; deshalb also, weil ihm nichts so wichtig ist wie die Gewißheit, daß wir unserer Unverkümmertheit und unserer Freiheit gewiß seien.

Und das sind wir denn auch.

Womit wir beweisen, wie wenig wir noch den heutigen Typ von Unterdrückung, nämlich den „sanften Terror", durchschaut haben; wie wenig wir noch begriffen haben, daß dieser Terror gerade in seiner Unspürbarkeit besteht, und sogar darin, daß er nicht gespürt werden darf.

§ 8. Die negative Frustration

Die uns zugemuteten Leistungen – und ihrem Typ nach tendieren alle dahin, Knopfdruckleistungen zu werden – stellen, abgesehen davon, daß sie unfreie Akte sind, durchweg „doppelseitige Entwürdigungen" dar. Warum doppelseitige?

Weil sie

1. bloße Auslösungsakte sind und als solche nur die geringsten Anstrengungen erfordern;

2. hinter den von ihnen ausgelösten immensen Effekten zurückbleiben.

Daß auch dies: die Immensität des Effekts, entwürdigend sein soll, klingt von neuem sonderbar. Aber das ist sie deshalb, weil wir auch als Auslösende einer Freiheit beraubt sind: nämlich der Freiheit, uns anzustrengen, mindestens der, durch größere Anstrengung eine bessere oder größere (oder auch geringere), auf jeden Fall eine der Anstrengung korrespondierende Leistung hervorzubringen. Einen Knopf kann man nicht besser oder schlechter, geschickter oder ungeschickter, genialer oder ungenialer, kühner oder ängstlicher drücken. Was immer und wie immer wir es auch anstellen mögen, zur übermäßigen Leistung sind wir verurteilt, und im Vergleich mit der Größe unserer Effekte sind wir einfach jämmerliche Niemande.

Da schreibt man heute Wälzer über „Frustration", und dieser Defekt wird sogar in gewissen Ländern, in denen es als fein gilt, seelische Komplikationen vorweisen zu können, als prestigefördernd angesehen. Und dabei ist, was uns heute wirklich in Verzweiflung setzen sollte (und uns vielleicht, ohne daß wir es wissen, wirklich schon in Verzweiflung versetzt) deren Umkehrung, die „negative Frustration", das „we can't help being giants", der Fluch, daß uns trotz minimaler Anstrengung stets Übermäßiges gelingt, daß jeder unserer Handgriffe in einen tausendfach vergrößerten Effekt umschlägt. Kein Ereignis meiner Jugend hat mich so tief „frustrated", so tief zugleich erschreckt und beschämt wie der Jericho- oder Laokoon-Effekt, den ich, ahnungslos auf einer Orgel herumspielend, durch unangestrengtes Tastendrücken erzeugte: die Wände des Saales schienen unter dem Druck der baumstarken Bässe nachzugeben; und die Mittelstimmen, die ich da stümpernd produzierte, begannen sich durch den Raum zu winden, so als suchten sie nach einem Laokoon, um diesen zu erwürgen. Erst heute weiß ich, daß diese Minuten an der Orgel mehr als ein Privaterlebnis gewesen sind. Auch Eatherlys Hiroshima-Aktion war nichts als ein solches Orgelspiel, denn er tat so gut wie nichts, der Effekt seines Beinahe-nichts-Tuns war dagegen überwältigend. Jeder Auslösehandgriff heute gehört in diese Klasse; und viele von ihnen sogar in eine noch verhängnisvollere: nämlich in die des kommandierten Orgelspiels.

Das Signum unserer heutigen Leistungen ist also, daß diese stets, und zwar stets gleichzeitig, zu klein und zu groß sind. Weder die investierten Anstrengungen noch die erzielten Effekte werden den Ansprüchen unserer proportio humana gerecht. Darin besteht die spezifische Entwürdigung unseres heutigen Tuns. Und zu den so Entwürdigten gehören auch die zwei, die da oben rotieren.

Wo die zwei nur sein mögen?

Hier sind sie:

Sie wissen nicht, was sie tun. Mindestens verstehen sie es nicht. Sind also mit ihrer Tat nicht identisch. Sie sind verkümmert zu Gerätestücken. Und zwar so gründlich, daß sie nicht wissen, daß sie verkümmert sind. Sie sind unfähig, irgendetwas aus eigener Initiative zu tun, selbst die möglichen Varianten ihrer „Entscheidungen" sind bereits vorgesehen, selbst deren Wahrscheinlichkeitsgrad. Die Freiheit, ihre Leistung durch eigene Anstrengung zu verbessern, und zwar proportional zu ihrer Anstrengung, bleibt ihnen mißgönnt; desgleichen die, ihre Leistung zu der ihren zu machen. Was ihnen offensteht, ist bestenfalls, „ihre" Leistung der von anderen vorkalkulierten so nahe wie möglich zu bringen. – Andererseits schlägt jede ihrer Anstrengungen und jeder ihrer Handgriffe automatisch in einen völlig disproportionierten, einen millionenfach vergrößerten Effekt um; und das gilt sogar schon von ihrer bloßen Anwesenheit in der Kapsel, da auch diese bereits zum „Orgeleffekt" verurteilt ist.

Sind solche Wesen „who can't help being giants", denen nichts anderes übrigbleibt als Enormes zu leisten, und zwar Enormes, das noch nicht einmal das ihre ist –, sind solche Wesen „Helden"?

Man stelle sich einen ihnen gleichenden Prometheus vor: einen Prometheus, der nicht verstünde, was er täte; der, zum Gerätestück verkümmert, nichts davon wüßte; der nichts aus eigener Initiative tun könnte; dem es nicht freistünde, seine Leistung durch eigene Anstrengung, und zwar proportional zu seiner Anstrengung, zu verbessern; dessen Handgriffe, dessen bloße Anwesenheit sich automatisch in millionenfach vergrößerte Effekte umsetzten; der prometheisch wäre, *weil* gefesselt – wäre *der* ein Held?

§ 9. Die blinden Zwillinge

Newsweek soeben eingetroffen. Der von „Erdweh" angerührte Nikolajew heiße in den Massenzeitungen bereits „Nik".

Dies ist ein ungewöhnlich kameradschaftlicher Schlag auf die Sowjetschulter, ein Beweis dafür, daß die Amerikaner in „Nik" einen Spießgesellen von Glenn sehen, einen „regulären Mars boy von nebenan"; daß sie sich selbst in ihm wiedererkennen. Auch Popowitsch heiße bereits „Pop". – Ob das nicht ein gutes Vorzeichen ist?

Vorzeichen wofür?

Dafür, daß angesichts der Zwillingsähnlichkeit ihrer *supermen* den Bevölkerungen der zwei antagonistischen Blöcke nun manches zu schwierig wird. Was?

Die Aufrechterhaltung des Denk- und Gefühlsschemas des kalten Krieges; die Zumutung, einander als total verschiedene Wesen zu betrachten; die Bereitschaft, sich den Zutritt zu den längst schon fälligen Einsichten von heute weiter verbieten zu lassen.

Zu welchen Einsichten?

Zu der Einsicht, daß

die Entwicklung der Technik, beziehungsweise die Verwandlung des Menschen durch die Technik, unbekümmert um alle Grenzen, hüben und drüben eine und dieselbe ist;

diese Entwicklung hüben wie drüben das geschichtliche Zentralereignis darstellt, das *eine* Schicksal, an dem sie beide teilnehmen;

die Differenz zwischen ihren politischen Systemen durch diese Schicksalsidentität ihre Erstrangigkeit verliert;

die militärischen Fronten durch diese Einbuße zu „Fronten" zweier (um den Mondpokal kämpfender) Sport-Mannschaften werden. –

Diese Einsichten klingen trivial. Aber wem? Gewiß nicht den Millionen, die niemals die Chance gehabt haben, einander wirklich zu begegnen, und denen täglich eingehämmert worden ist, in den technischen Leistungen ihrer eigenen Länder die Zeugnisse ihrer eigenen nationalen Größe oder den Beweis für die Überlegenheit ihrer politischen Systeme zu bewundern. Da sie in methodisch hergestellter gegenseitiger Ignoranz gehalten wurden, gleichen sie blinden Zwillingen, die natürlich auch nicht sehen können, wie frappierend sie einander ähneln.

Und diese gegenseitige Blindheit, die ginge nun also ihrer Heilung entgegen?

Manches spricht dafür. So ist zum Beispiel Mr. Smith, der in Denver vor seinem TV sitzt – grundsätzlich steht dem jedenfalls nichts mehr im Wege – in der Lage, den russischen Kosmonauten genau so gut zu beobachten wie „seinen" amerikanischen; und Igor Petroff, der in Tomsk seinem russischen Fernsehprogramm folgt, kann nun den US-Astronauten genau so gut erkennen wie seinen sowjetischen. In anderen Worten: Beiden ist nun, und zwar vermittels gleicher Apparate, die Gleichheit ihrer Apparatleistungen sichtbar geworden und beide können nun aufgrund der zwei Leistungen feststellen, daß jener Vorhang, der Hüben und Drüben von einander getrennt hatte, verschwindet. Ist das nicht eine revolutionäre Situation? Spricht das nicht dafür, daß die Epoche der gegenseitigen Ignoranz ihrem Ende entgegengeht?

§ 10. Das Fremde nah, weil das Nahe fremd

Vorsicht. Namentlich vor dem Worte „unmittelbar". Unmittelbar begegnet uns in der heutigen lückenlos vermittelten Welt überhaupt nichts.

Daß sich die Kluft verschmälert hat, das steht zwar fest. Aber worin hat diese Verschmälerung ihren Grund?

Die Antwort ist paradox. Sie lautet nämlich: Darin, daß nun *auch das Eigene nicht direkt sichtbar* ist.

Wenn wir nämlich aufgrund unseres Fernsehbeispiels feststellen, daß es uns mit Hilfe unserer vermittelnden Apparatur gelinge, auch das Fremde zu beobachten, dann stellen wir damit nur die halbe Wahrheit fest. Denn ebenso gilt, daß es uns *mißlingen* würde, unsere eigenen Leistungen *ohne* diese Apparate in Blick zu bekommen. Dem amerikanischen Beobachter Smith ist ja der „eigene", der amerikanische, Kosmonaut so fern, daß er ihn nicht unmittelbar, sondern nur in der (besser oder schlechter gelingenden) *Übertragung* sehen kann. Unsere Vermutung, wir hätten die Chance gewonnen, das Fremde so direkt zu erkennen wie das Eigene, trifft nicht zu. Wahr ist vielmehr, daß es uns heute vis-à-vis unserer eigenen Produkte und unserer eigenen Leistungen um nichts besser geht als vis-à-vis der Produkte und Leistungen der anderen; daß auch das Eigene nicht mehr direkt zugänglich und sichtbar, vielmehr auf Indirektheit angewiesen ist. Kurz: *die Distanz, die sich verschmälert hat, ist* nicht die zwischen uns und dem Fremden, sondern *ausschließlich die zwischen unserer Vertrautheit (bzw. Unvertrautheit) mit dem Eigenen und unserer Vertrautheit (bzw. Unvertrautheit) mit dem Fremden.* Wenn diese Distanz auf Null zusammenschrumpft, so allein deshalb, weil uns nun beides: Eigenes und Fremdes, auf gleich indirekte und gleichermaßen verfremdete Weise vertraut ist. *Das Fremde scheint uns nahe, weil uns auch das Nahe fremd ist.*[1]

[1] Obwohl die Vokabel „Verfremdung" bereits als Modewort zirkuliert, ist doch die Theorie der Verfremdung noch nicht abgeschlossen. Eine der zahlreichen Lücken zeigt sich hier: nämlich die Aufklärung des Verhältnisses von Fremdem und Verfremdetem. Verfremdung spielt sich ja nicht als isolierter Vorgang ab, sondern innerhalb einer Lebenswelt, in der es immer schon, und zwar aufs natürlichste, Eigenes *und* Fremdes gibt; in einer Welt, die in ihrer konzentrischen Nähe vertraut ist, in ihren weiter entfernten Regionen zunehmend fremder wird. Der Andromedanebel ist nicht „verfremdet", sondern mir fremd, in gewissem Sinne wird er sogar gerade dadurch verfremdet, daß er mir durch das Teleskop nahe gebracht wird: dann rückt er mir nämlich „befremdlich nahe". Der Verfremdung des Vertrauten durch Distanzsteigerung entspricht die Verfremdung des Unvertrauten durch Intimisierung, bzw. Pseudo-Intimisierung. Wer alles Fremde der Klasse des Entfremdeten zuwiese, der hätte damit stillschweigend eine

§ 11. Verfremdung – der Preis für Immensität

Letztlich gründet diese „Verfremdung des Eigenen" in dem, was ich andernorts das *„Prometheische Gefälle"* genannt habe.[1] Den bekannten Verfremdungsfaktoren, die seit mehr als hundert Jahren diskutiert worden sind, muß dieses „Gefälle" hinzugefügt werden.

Mit diesem Ausdruck hatte ich dort die Tatsache bezeichnet, daß sich unsere Fähigkeit der *Herstellung* aus dem Verband aller anderen Vermögen herausgelöst, daß sie alle anderen überflügelt hat, und daß sich uns die von uns selbst erzeugten Produkte dadurch „entfremden". Damit ist natürlich nicht gesagt, daß die Produkte als solche irgendwie mangelhaft seien, daß sie dies oder jenes zu wünschen übriglassen, nichts weniger als das. Umgekehrt funktionieren sie „zu gut", ihre Perfektion ist märchenhaft, ihre Leistungen sind immens. Mangelhaft sind vielmehr *wir* geworden. Und zwar gerade *durch* die Immensität, *durch* die Perfektion, *durch* das zu gute Funktionieren unserer Produkte. Deren Leistungen sind für uns nun *„überschwellig"*;[2]

den Entfremdungsprozessen vorausgehende universelle Weltvertrautheit und Omniscienz des Menschen unterstellt, und das wäre natürlich völlig unsinnig. – Solange wir nicht die Entfremdung innerhalb dieses Rahmens (in dem es den Unterschied zwischen „vertraut" und „fremd" ohnehin gibt) sehen; solange wir nicht die Modifikationen untersuchen, die das Fremde (bzw. das Verhältnis zwischen Fremdem und Eigenem) durch das Dazukommen der „Entfremdung" und der „Pseudo-Intimisierung" erfährt, solange bleibt unsere Theorie lückenhaft.

[1] Siehe ‚Die Antiquiertheit des Menschen', S. 17 und S. 23–95.

[2] Es läge nahe, dieses Immenswerden unserer Produkte und deren Leistungen als deren *„Übersinnlichkeit"* zu bezeichnen, denn tatsächlich überschreiten sie ja die „Grenze unserer Sinnlichkeit". Da aber dieses Wort terminologisch bereits besetzt ist, wollen wir uns mit dem Ausdruck *„Überschwelligkeit"* begnügen. – Neu ist diese menschgemachte „Überschwelligkeit" nicht, in gewissen Gebieten (z. B. in der Mathematik) sogar geläufig: Keinem Mathematiker würde es einfallen zu versuchen, einen von ihm selbst axiomatisch entworfenen (und damit in gewissem Sinne von ihm „produzierten") nichteuklidischen Raum sinnlich „einzuholen", sich diesen also zur Anschauung zu brin-

das heißt: Wir können sie nicht mehr bewältigen, mindestens nicht mehr direkt. Weder sind wir fähig, ihr Ausmaß direkt vorzustellen, noch ihre Bahn direkt zu verfolgen, noch ihre Erforderlichkeit direkt zu beurteilen, noch ihre indirekten Folgen direkt abzuschätzen, noch ihre Effekte direkt zu verantworten – und zu diesen fünf Mängeln ließen sich ad libitum weitere hinzufügen: zum Beispiel die Mangelhaftigkeit unseres *Wünschens,* denn auch dieses läßt ja „zu wünschen übrig": Vielen Produkten und Produktleistungen, die so überschwellig groß und fremdartig geworden sind, daß sie keinem vorangehenden Bedürfnis mehr entgegenkommen, und selbst nachträglich von keiner, sich noch so sehr anstrengenden, Begierde eingeholt werden können, steht unser Wünschen ja bereits hilflos gegenüber. Als wie prekär diese Überschwelligkeit empfunden wird, beweist die Reklame, denn diese existiert ja nur deshalb in solchem Überfluß, weil die Werbenden pausenlos versuchen, das

gen; und auch wir Laien operieren ja bedenkenlos mit Zahlen, die unsere Vorstellungskraft hinter sich lassen. In diesem Gebiete ist uns also das „Gefälle", die Tatsache, daß eigene Produkte für unsere Sinnlichkeit „überschwellig" werden, vertraut, und mit Recht liegt uns nichts ferner, als in diesem „Gefälle" zwischen Sinnlichkeit und Denken ein menschliches Manko zu sehen. Umgekehrt beweist dieses Gefälle sogar *Freiheit:* nämlich unsere Fähigkeit, uns von dem gerade Sichtbaren und dem Vorstellbaren loszumachen und wunderbarerweise trotzdem in der Dimension des Verifizierbaren zu bleiben. Dieser Punkt darf nicht unterschlagen werden. Denn das erstaunliche Tun, das „Denken" heißt, bleibt überall dort, wo es nicht als Freiheitszeugnis verstanden wird, also in allen existierenden „Logiken", undurchdacht und unbegriffen. Nicht den simpelsten Syllogismus könnten wir durchführen, wären wir nicht fähig, aus dem sinnlich Gegebenen ins sinnlich nicht direkt Gegebene hinüberzuspringen. Lächerlich wäre es, auch diese Freiheit schon als hybride und als ein übles Vorzeichen des „prometheischen Gefälles" zu beargwöhnen. Vielmehr haben wir umgekehrt anzunehmen, daß die Diskrepanz zwischen der Fassungskraft unserer Sinne und der Fähigkeit unseres Produzierens (und damit auch die fatale Verfremdung unserer Leistungen, die uns heute unserer Freiheit beraubt) letztlich in unserem menschlichen „Wesen" gründet; paradoxerweise also gerade in unserer menschlichen Freiheit.

Gefälle künstlich zu überbrücken, das heißt: die Begierden so zu erweitern, daß sie der Größe, Fremdheit und Überflüssigkeit der Produkte entsprechen. – Aber selbst das stellt noch nicht den äußersten Tiefpunkt unserer Mangelhaftigkeit dar, dieser ist erreicht durch die Degeneration unseres *„Habens"*: Denn ob und in welchem Sinne die Behauptung, daß wir jene (Hyper)-Produkte, die keinem unserer Bedürfnisse mehr entsprechen, *„haben"*, noch berechtigt ist, das müßte erst eigens untersucht werden. Vieles spricht dafür, daß man dasjenige, was man nicht braucht, also auch nicht gebrauchen, geschweige denn genießen kann, auch nicht mehr „haben" kann. In der Tat hat der Sinn dieses Wortes in der Aussage „wir haben einen künstlichen Satelliten" mit dem Sinn, in dem wir vom „Haben" eines Buches oder einer Wohnung sprechen, schon kaum mehr etwas gemein. Und nichts ist für die „Krise des Habens", in die wir durch Herstellung immenser Erzeugnisse hineingeraten sind, so charakteristisch wie die Tatsache, daß wir von dem repräsentativsten unserer überschwelligen Produkte: von der Wasserstoffbombe, bereits behaupten, wir hätten sie einzig und allein deshalb, weil wir sie *nicht* einzusetzen wünschen – womit wir ja den Sinn von *„Haben"* bereits in die *„Nichtverwendung"* verlegt haben.

Genug der Beispiele. Gleich ob wir als Vorstellende oder als Wahrnehmende oder als Urteilende oder als Wünschende oder als „Habende" mit unseren Hyperprodukten und deren Leistungen etwas zu tun haben – in keiner dieser Qualifikationen sind wir ihnen gewachsen, in jeder dieser Beziehungen bleiben sie überschwellig. Und das bedeutet eben, daß sie sich uns entfremden, daß der Kontakt zwischen ihnen und uns abreißt, daß sie uns, kaum daß wir sie erzeugt haben (wenn nicht sogar schon im Akt der Erzeugung selbst) auch schon wieder abhanden kommen, und daß wir uns damit zufriedengeben müssen, sie nur noch indirekt, nämlich nur noch durch Bilder und Zeichen, in Evidenz zu halten. *Die Verfremdung unserer Produkte ist der immens hohe Preis, den wir für deren immenses Gelingen zu zahlen haben.*

Und das gilt – womit wir zum Thema zurückkehren – sowohl von den eigenen Hyperleistungen wie von den fremden. Ob es unser eigener Astronaut ist, der, immens weit von uns entfernt, in immensem Tempo durch den Weltraum saust, oder der Astronaut der fremden Konkurrenzmacht, das bleibt sich gleich, der Preis für das Gefälle muß unter allen Umständen gezahlt werden. Der vom Versuchsgelände von Canaveral Gestartete bleibt auch dem Amerikaner, der auf dem Versuchsgelände von Karaganda Hochgeschossene auch den Sowjetrussen im besten Falle nur indirekt sichtbar. Jedem sind seine eigenen Produkte und deren Leistungen (wenn auch nicht das Fernste, so doch) ganz genau so nahe oder fern wie die Produkte und Produktionsleistungen des Rivalen.

In anderen Worten: Der Triumph des „Prometheischen Gefälles" hat die spezielle Vertrautheit des Eigenen und die spezielle Fremdheit des Fremden ausgelöscht, und damit auch das Gefälle zwischen Eigenem und Fremdem. Als Proportionsregel formuliert: Die Evidenzdifferenz zwischen Eigenem und Fremdem hat sich in dem Maße, in dem sich unsere eigenen Leistungen verfremden, verflüchtigt.

§ 12. Die Verfremdungs-Malaise und deren Verdrängung

Die in diesen Formeln angezeigten Tatsachen sind nicht etwa nur von theoretischem Interesse. Vielmehr treffen sie uns, die wir nun einmal dazu verurteilt sind, in der Gesellschaft der von uns selbst erzeugten „überschwelligen Produkte" zu leben, aufs unmittelbarste, sogar unser emotionales Leben ist von ihnen mitgeprägt. Daß sich unsere eigenen Leistungen von den fremden nicht mehr unterscheiden, daß wir auch zu ihnen nur noch indirekte Beziehungen aufrechterhalten können, das bleibt nicht folgenlos, das irritiert unsere Orientierung, das beleidigt unsere Eitelkeit, das macht es uns unmöglich, uns mit uns selbst zu identifizieren. Und diese Malaise, die *„Entfremdungs-Malaise"*, die es früher kaum gegeben hatte, die ist für uns Heutige bereits so kennzeichnend, daß wir sie als Kriterium für die Zeitgemäßheit oder Obsoletheit von Psychologien verwenden dürfen. Womit ich meine: daß keine Psychologie, die diese Malaise vernachlässigt, als eine Psychologie des heutigen Menschen anerkannt werden darf.

Damit ist freilich nicht behauptet, der heutige Mensch sei sich dieser Malaise bewußt. Im Gegenteil: er tut alles, was in seiner Macht steht, um sie nicht zu spüren, also um *Ignorant seines Gefühls* zu bleiben – was der Behauptung, daß die Malaise existiere, durchaus nicht widerspricht. Die Einsicht der Psychoanalyse, daß sich unbewußte Gefühle, gerade dadurch, daß sie verdrängt bleiben, stauen, und durch diese ihre Stauung um so fataler werden, die gilt auch von der „Entfremdungs-Malaise".

Was nötigt uns zu dieser Verdrängung?

Das Tabu von heute.

Welches Tabu gilt heute als *das* Tabu?

Das unserer Produktion.[1]

Das heißt: Jede Störung oder Zerstörung des Bestandes, der Funktionssicherheit oder der Steigerungschance unserer Produktion (sogar jeder Produktion) gilt heute als sakrilegisch. In Form eines Gebotes lautet diese Regel: „Handle so, daß du durch dein Handeln mit der Produktion solidarisch bleibst, daß du diese sicherst und steigerst, unter keinen Umständen sabotierst." Und wirklich erfüllen wir dieses Gebot aufs strikteste, seine Erfüllung ist uns schlechthin selbstverständlich (gemacht worden).[2] Ich entsinne mich einer von einem Science-Fiction-Autor erfundenen Figur eines Reporters vom Mars, der aufgrund seiner terrestrischen Beobachtungen seinem Marsblatte meldete, daß der stärkste unter den dem Menschen eingeborenen Instinkten sein Trieb sei, seine Produktion zu beschützen. Diese Reportage war zutreffend, die Fiktion des Romanverfassers realistisch. Diesem Report hinzuzufügen wäre freilich noch, daß wir die

[1] Daß dieses Produktionstabu in der klassischen Psychoanalyse nicht vorkommt, daß es von dieser verdrängt wird, ist bei der durchgehenden Vernachlässigung alles Ökonomischen nicht erstaunlich.

[2] Man könnte einwenden, umgekehrt gebe es auch die „absolute Zerstörungslust" etwa der „Halbstarken", und diese sei ein für die heutige Epoche mindestens ebenso charakteristisches Benehmen wie die Rücksicht auf die Produktion. Zugegeben. Nur daß die Existenz dieser Zerstörungslust unsere These bestätigt: Denn die Zerstörungsversuchung ist heute allein deshalb so unwiderstehlich geworden, weil die Produktion als absolutes Tabu gilt.

Produktion auch vor *uns selbst* in Schutz zu nehmen haben. Damit ist die Verdrängung der „Entfremdungs-Malaise“ erklärt. Denn wenn wir es uns erlauben würden, unsere Malaise ans Tageslicht treten zu lassen, selbst wenn wir diese nur als spürbares Unbehagen anerkennen würden, dann würden wir die uns abgeforderte Solidarität schwächen; nämlich die Naivität, die Unbedenklichkeit, die Skrupellosigkeit, mit der wir gewohnt sind, zu produzieren, an Produktionen teilzunehmen oder fremde Produktionen intakt zu lassen, unterminieren. Um der sakrosankten, sich uns entfremdeten, Produktion nicht gefährlich zu werden, haben wir die Pflicht, uns selbst fremd zu bleiben (also die Malaise nicht zu kennen); um den Betrieb nicht zu sabotieren, die Pflicht, uns selbst zu sabotieren (also die Malaise zu verdrängen).

Natürlich habe ich auf den Ausdruck „Solidarität“ hier nicht von ungefähr zurückgegriffen, sondern um dadurch die unglaubliche Veränderung, die in den letzten Jahrzehnten vor sich gegangen ist, so kräftig wie möglich zu unterstreichen. Welchen Sinn dieser Begriff in der Geschichte der internationalen Arbeiterbewegung gehabt hatte, ist ja bekannt. Gefordert gewesen war die Bundesgenossenschaft jedes Arbeiters mit jedem Arbeiter. Der Partner dieser Allianz ist nun ausgewechselt. *An die Stelle der Allianz mit dem „Arbeiter comme tel“ ist nun die Allianz mit jeder Produktion getreten.* Und was von der damaligen Solidarität erhofft worden war: daß sie grundsätzlich über die Peripherie des „eigenen Betriebes“ hinausreiche, das beginnt nun bei der Solidarität mit der Produktion Wirklichkeit zu werden. Der Umkreis dessen, womit Arbeiter heute solidarisch sind, ist bereits so ausgedehnt, daß er automatisch sogar die Produktion der Konkurrenz mit in sich begreift. Es scheint mir durchaus nicht unmöglich, daß sich dieser Umkreis allmählich so ausdehnen könnte, daß er sogar die Produktion derer mit einschlösse, die, politisch, militärisch oder wirtschaftlich gesehen, heute noch als „Feinde“ gelten; daß sich nach einer vorübergehenden Phase, die durch einen Konflikt der Solidaritäten gekennzeichnet wäre, eines Tages diese neue Solidarität als *die* Solidarität durchsetzen könnte. Diese Vermutung ist durchaus kein Hirngespinst, der Trend weist vielmehr seit längerem in diese Richtung. Schon vor zwanzig Jahren, während des letzten Krieges, bin ich den ersten sonderbaren Vorzeichen dieser Entwicklung begegnet: Damals kursierten in den Vereinigten Staaten Gerüchte über gewisse in den Rüstungsfabriken Hitlers begangene Sabotageakte. Diese Akte erwähnte ich wiederholt in Gesprächen mit kalifornischen Arbeitern, und natürlich erwartete ich, daß diese sofort von den unvorhergesehenen Bundesgenossen gegen den gemeinsamen Feind Hitler sehr angetan sein würden. Aber oft war das absolut nicht der Fall. Viele Arbeiter waren umgekehrt offensichtlich irritiert. Zwar gaben sie ihrer Irritierung keinen artikulierten Ausdruck, in dem unbehaglichen „Konflikt der Solidaritäten", mit dem sie da plötzlich konfrontiert waren, waren sie völlig ungeübt, aber die Gestik, mit der sie „those guys" abtaten, die bewies doch, daß sie unter dem absoluten Produktionstabu zu leben gewohnt waren, und daß ihnen der Gedanke an Produktionsstörung als solche zuwider war (etwa so, wie uns der Gedanke an Spionage als solche zuwider ist), daß also in ihren Augen Sabotage, gleichgültig *wessen* Produktion unter dieser litt, eben Sabotage blieb. Welcher Kategorie eine Produktion zugehört, das spielt für den Tabugläubigen schon seit langem keine entscheidende Rolle mehr. Die Beschädigung einer Luxuswarenfabrik gilt als nicht minder verwerflich als die einer Brotfabrik; und die einer Waffenfabrik (die ja immerhin moralisch gerechtfertigt werden könnte) gilt sogar als verwerflicher als die der Luxuswarenfabrik. Der Gedanke, daß Waffenfabrikation, zum Beispiel die atomarer Waffen, selbst eine Sabotage (nämlich der Menschheit) darstellen kann und zumeist wirklich darstellt, der ist für diejenigen, denen Produktion als solche als tabu gilt, in buchstäblichem Sinne „undenkbar". Das hindert aber nicht daran, die Zerstörung von Produktionsanlagen durch eigene Produkte, wie das während des Krieges pausenlos geschieht, zu bejahen. Denn Zerstörung, etwa von Städten, stellt in den Augen der Produzierenden wiederum eine *Produktion*, nämlich die *von Trümmern*, dar, und diese Produktion ist genau so sakrosankt und darf genau so wenig sabotiert werden wie andere Produktionen.

Vermutlich ist diese neue Solidarität mit „Produktion als solcher" heute noch weiter verbreitet, als sie es damals, im letzten Weltkriege, gewesen war. Es ist nicht nur denkbar, sondern höchst wahrscheinlich, daß das Produktionstabu nicht an allen Stellen der Welt gleichermaßen in Kraft ist. Denn die Geltung des Tabus hängt aufs engste mit der Höhe des Lebensstandards des Arbeiters zusammen. Das heißt: Je gesicherter (wie im Beispielsfalle) der Lebensstandard des Arbeiters, um so gesicherter ist auch das Tabu. Umgekehrt: Je ungesicherter der Lebensstandard eines Arbeiters (etwa des heutigen spanischen Arbeiters, 1962), um so eher wird dieser noch die Gefährdung der Produktion als Druckmittel in Betracht ziehen. Erstaunlich wäre es aber nicht, wenn unsere Nachkommen eines Tages feststellen würden, daß die Solidarität mit Produktion als solcher alle anderen Solidaritäten obsolet gemacht habe.

§ 13. Die scheiternde Nachlieferung

Wenn wir unsere „Entfremdungs-Malaise" verdrängen, wenn wir dieser verbieten, die Grenzen unseres Bewußtseins zu überschreiten, so tun wir das, wie gesagt, um gewiß zu sein, daß wir den Weitergang unserer Produktion nicht stören, daß wir unsere Solidarität mit der Produktion durchhalten werden. Die Reste archaischer Tabus in Ehren, auch sie mögen noch wirksam sein. Aber in den ausschlaggebenden Fällen wird heute die Entscheidung darüber, ob etwas ins Bewußtsein gehoben werden darf oder ob es unbewußt zu bleiben hat, ob uns etwas erregen darf oder nicht, von der Produktion getroffen. Und nur wer deren Diktate kennt, hat auch die Chance, sich selbst zu kennen.

Auf direkte Weise ist uns also die, durch das Indirektwerden unserer eigenen Leistungen verursachte, Malaise nicht bewußt. An indirekten Beweisen für ihre Existenz fehlt es dagegen nicht, denn es gibt Unternehmungen, durch die wir versuchen, die uns peinigende Entfremdung auszulöschen. Oder richtiger: Unternehmungen, die unbegreiflich bleiben würden, wenn wir sie nicht als Antworten auf das von uns unterstellte unbewußte Unbehagen auffassen könnten. Um so unbegreiflicher, als es sich dabei um *illusorische* Akte handelt, um Akte, die von vornherein zum Scheitern verurteilt sind.

Das Beispiel, das ich wähle, führt uns wieder zu unseren Kosmonauten zurück.

Für diese zwei, die da oben rotieren, wird, obwohl man noch nicht einmal weiß, ob sie von dort wieder herunterkommen werden, ein „großer Bahnhof" vorbereitet. Auch sie sollen wie Glenn von Stadt zu Stadt geschleift und, wie Filmstars, dem Premierenpublikum, der Bevölkerung, in Fleisch und Blut vorgeführt werden. Warum tut man das? Was erhofft man sich von diesem Rummel?

Eine *Wiedergutmachung*.

Was soll „wiedergutgemacht" werden?

Der Makel, der der entfremdeten eigenen Leistung, solange diese andauert, anhaftet: also deren Unsichtbarkeit, bzw. deren nur indirekte Sichtbarkeit. Dieser Effekt soll annulliert werden.

Und wie wird diese Annullierung bewerkstelligt? Wie versucht man, diese zu bewerkstelligen?

Dadurch, daß man Sichtbarkeit *nachliefert*.

Natürlich haben diejenigen, die diese „Nachlieferung" arrangieren, keine Ahnung von der Merkwürdigkeit dieses Versuches; und die Empfänger des Nachgelieferten erst recht nicht. Von dieser wissen sie so wenig wie von der Malaise, durch die sie zu diesem Schritte gedrängt werden. Aber merkwürdig ist diese Nachlieferung trotzdem. Und zwar deshalb, weil hier eine *Aufteilung* versucht wird, die es früher nicht gegeben hatte: die Aufteilung eines Geschehens in ein „eigentliches", aber unsichtbares Stück und ein „uneigentliches", aber sichtbares. Und weil man, obwohl das erste Stück der Wahrnehmung entzogen bleibt, und das zweite Stück mit der eigentlichen Leistung nichts mehr zu tun hat, trotzdem darauf hofft, daß sich diese beiden Stücke irgendwie verschmelzen werden; daß sich nämlich das zweite an der Immensität des ersten, vor allem aber das erste Stück an der Sichtbarkeit des zweiten infizieren werde, daß also die Leistung, die entfremdet und unsichtbar gewesen war, durch das nachträglich gelieferte Stück Sichtbarkeit seine Unmittelbarkeit zurückgewinnen werde. Und das ist offensichtlich etwas ganz Neuartiges. Deshalb wäre es auch irreführend, diese „Nachlieferung" jenen Schaustellungen, die es auch früher gegeben hatte, zuzurechnen, sie also zum Beispiel Triumphzügen gleichzusetzen. Was in Triumphzügen gefeiert wurde, das hatte durchaus nicht jenseits möglicher Wahrnehmung bestanden, das hatte ja von Menschen in actu wahrgenommen werden können, und die mitgeführten Trophäen hatten ja wirklich demonstriert, woher die Triumphatoren kamen, und was sie vollbracht hatten. Nichts davon gilt von den Kosmonauten. Diese kehren mit leeren Händen zurück, die Gegend, aus der sie kommen, war grundsätzlich keinem einzigen direkten Zeugen zugänglich gewesen, und brächten sie selbst eine Handvoll Mondsteine oder Marsstaub mit, als gloriose Stücke für einen Triumphzug würde sich diese Beute gewiß nicht eignen.

Damit ist aber auch erklärt, warum diese „Wiedergutmachungen" immer werden scheitern müssen. Die verfügbaren Ausstellungsstücke: die Helden selbst, bleiben absolut unzulänglich, da sie mit dem, was wirklich gezeigt werden soll, mit der *Immensität* der Leistung nichts gemein haben. Der Anblick der Zwei, die aussehen wie ich und du, kann von dem Übermaß nichts mehr melden. Kein noch so ingeniös inszenierter Rummel reicht aus, um diese Kluft zwischen dem, was effektiv vorgewiesen wird, und dem, was eigentlich vorgewiesen werden soll, aus der Welt zu schaffen. Das besagt freilich nicht, daß man bald darauf verzichten werde, auf derartige Versuche zurückzugreifen und resignieren werde. Umgekehrt ist es viel wahrscheinlicher, daß man der Resignation, dem Nichtstun, das vergebliche Tun weiter vorziehen wird, und zwar einfach deshalb, weil es unerträglich wäre, gegen die, durch die Unsichtbarkeit der eigenen Leistung verursachte, Malaise überhaupt nichts zu unternehmen, und weil jedem Tun als solchem Beweiskraft innezuwohnen scheint. Aber welche Attitüde man auch künftig den entfremdeten Leistungen gegenüber einnehmen mag, die Tatsache, daß man heute faute de mieux zu einem grundsätzlich zum Scheitern verurteilten Gegenmittel Zuflucht nimmt und sich mit diesem begnügt, die beweist, wie außerordentlich groß das dem Bewußtsein vorenthaltene und dadurch aufgestaute Unbehagen heute sein muß.[1]

[1] Der Einwand, der Rummel verrate umgekehrt jedem etwas, und zwar deshalb, weil ja jeder über die Immensität der Leistung ohnehin

Ich hatte gesagt, die heutige Situation sei nicht aussichtslos. Warum ist sie das nicht?

Weil, wenn sich auch das Eigene verfremdet, zwar das Fremde nicht direkt vertrauter, aber doch der Abstand zwischen dem Eigenen und dem Fremden geringer sein wird. Wie merkwürdig die Behauptung auch klingen mag: die Möglichkeit der Versöhnung liegt im Prozeß der Verfremdung selbst. Es scheint durchaus nicht unmöglich, daß sich eines Tages die zwei heute einander noch fremden A und B „in den Armen liegen" werden. Und das nicht deshalb, weil sie einander nahe seien oder einander gründlich kennen werden, sondern umgekehrt deshalb, weil A sich selbst genau so wenig nahe sein wird wie B, und B sich selbst genau so wenig nahe sein wird wie A. Daß solch ein happy ending eine Hegel-orthodoxe Synthese darstellen wird, läßt sich zwar nicht behaupten. Aber unmöglich scheint mir sein Eintreten nicht. Es ist durchaus nicht undenkbar, daß die Selbstentfremdung, die jeder durchmacht, so etwas wie eine Solidarisierung zur Folge habe, eine Solidarisierung, die massiver fundamentiert sein wird als jene, die nur auf einem moralischen Appell basiert. Schon jetzt sind Vorzeichen für solche Solidarisierung zu erkennen: die amerikanische, dem Abschuß der zwei sowjetischen Piloten unmittelbar folgende Versicherung, daß die USA nichts tun würden, was die sowjetischen Kosmonauten gefährden könnte, läßt schon einen ersten Zipfel dieser ersten Solidarität sichtbar werden.

bescheidwisse, der beweist vollends die Abdankung der direkten Wahrnehmung. Und zwar sowohl deren Inkompetenz wie deren Überflüssigkeit. Wenn uns etwas von uns Gesehenes allein deshalb groß oder gar immens vorkommt, weil wir *wissen,* daß es groß oder immens ist, dann erübrigt sich das Sehen, dann könnten wir uns mit unserem Wissen begnügen. – In der Tat wird der direkte Anblick der zwei Männer, die den Gaffern morgen zum Augenfraß vorgeworfen werden, die Größe der Leistung noch nicht einmal indirekt sichtbar machen. Die *falsche Direktheit,* die da geboten werden wird, die wird um nichts besser sein als die *echte Indirektheit* der Phantome, die heute über unseren Fernsehschirm flackern.

Die Rückkehr der verlorenen Söhne

Ch. stürzt ins Zimmer und schreit stimmlos: „Einer von ihnen ist wieder da, und offensichtlich kerngesund!“, und fällt in einen Stuhl. Nebenan läuft das Radio.

„Angst gehabt?“

„Und wie!“

Und da ist auch der Zweite schon da.

Ob Helden oder Nichthelden, Wissende oder Ignoranten, global oder provinziell, alles egal, die verlorenen Söhne sind zurückgekehrt. Holen die Flasche, trinken auf ihr irdisches Wohl, und vermutlich tun das in diesem Augenblick Unzählige genau so wie wir.

Ob es das schon einmal gegeben hat, daß Heimkehrer in vielen Ländern gleichzeitig willkommen geheißen worden sind? Daß sie als „wieder da“ gegolten haben, obwohl sie tausende von Kilometern entfernt waren? Daß „Da-sein“ plötzlich die Bedeutung von „Hier-auf-Erden-sein“ angenommen hat?

„Und du wagst es also“, meint sie, als sie die Flasche wieder forträumt, „etwas gegen den Rummel zu schreiben.“

Ich brumme etwas, was wie *nein* klingt, aber *ja* bedeutet.

ZWEITER TEIL

Weltraumflüge

1969/70

I

Wir sind kleiner als wir selbst

Trotz der Tatsache, daß wir die kopernikanische Degradierung der Erde, von der wir lange genug gewußt hatten, aber doch eben nur gewußt hatten, nun zum ersten Male mit eigenen Augen wahrnehmen, trotz dieser Tatsache enthält doch die Faszination, mit der wir statt auf unser Reiseziel: den Mond, auf die vom Monde aus sichtbare Erdkugel starren, ein anti-kopernikanisches Element in sich. Der Anblick war erschreckend, so rasch wird dieses Trauma nicht verheilen. Wenig wahrscheinlich, daß es Zuschauer gegeben hat, die die Fernsehbilder nur als „schön" empfunden und bewundert haben.

Gewußt haben wir alle, daß unser Globus wie eine nirgendwo verankerte und im Ozean des Raums schiffbrüchig herumschwimmende Boje aussehen würde. Aber das Gewußte effektiv zu *sehen* und als Wahrheit *wahrzunehmen*, das war doch etwas anderes, etwas vollständig Neues, das war doch eine kaum mehr erträgliche Kränkung und Erniedrigung. Wir alle haben die Erfahrung machen müssen, daß in uns ein Papst steckt, der bereit ist, den *„Galilei in uns"* mundtot zu machen. Wie eigentümlich, daß wir diese Papstrolle gerade in demjenigen Geschichtsaugenblick übernehmen, in dem, wie es heißt, der Vatikan daran denkt, den Prozeß gegen Galilei neu aufzurollen und den damaligen Schiedsspruch zu revidieren.

§ 14. Wir sind klein, weil wir groß sind

Da hing also die Erdkugel vor unseren Augen – nicht der Weltraum, nicht der Mond, *sie* war das große Erlebnis des Fluges. Sie und die Tatsache, daß wir (die wir uns physisch von der Erde ja garnicht entfernt hatten) es fertig gebracht hatten, sie von außen zu sehen, also nicht als unsere Erde, sondern als einen, keinem Eigentümer gehörenden, Himmelskörper, als Strandgut des Universums. Und daß das ein Zeugnis der Größe unserer technischen Leistungen ist, wer könnte das bestreiten?

Und trotzdem. Obwohl die Leistung so groß ist und unsere, des Menschen, Größe bezeugt – *als* groß haben wir uns, als wir die Erde im Nichts schweben sahen, nicht erfahren. Im Gegenteil. Als winzig. Sogar als so erschreckend winzig, wie wir uns nie zuvor erfahren hatten.

Der Gegenstand dieses unseres Schocks war nicht neu. Denn wir sind über dieselbe Tatsache erschrocken, über die die Avantgardisten unter unseren Vorfahren vor vierundeinhalb Jahrhunderten erschrocken waren, als ihnen durch die neue Astronomie die Exzentrizität und Belanglosigkeit ihrer Erde im Universum klar wurde. Manche von ihnen haben damals unter kosmischem Minderwertigkeitsgefühl zu leiden begonnen. Aber den meisten von ihnen war es doch wohl noch gelungen, das unerträgliche Bewußtsein, daß die heimatliche Erde *nicht* der Mittelpunkt der Welt, sondern ein Planet unter anderen war, aus ihrem Alltagsbewußtsein fortzuschieben. Emotional haben wohl nur die wenigsten den Geozentrismus aufzugeben brauchen, ganz zu schweigen davon, daß den meisten ja noch nicht einmal die Erde als Weltmittelpunkt galt, sondern – wie kann nur ein Mensch nicht aus Frankfurt sein? – ihr jeweiliges Frankfurt. Aus damit. Endgültig. Denn heute läßt sich das Bewußtsein unserer kosmischen Exzentrizität nicht mehr verdrängen. Und zwar deshalb nicht, weil die Weltraumleistungen, die den Stolz und die Glorie des Zeitalters ausmachen, mit dieser „Exzentrizität" verknüpft sind. Wer nicht darauf verzichten will, an dem Stolz auf diese gloriosen Leistungen teilzunehmen, der muß auch den Preis dafür zahlen, also dazu bereit sein, das mit diesen Leistungen verbundene Minderwertigkeitsgefühl auf sich zu nehmen. Und selbst das ist noch zu optimistisch formuliert, noch so, als wenn uns die Freiheit des Verzichts bliebe. Wovon keine Rede sein kann, denn uns Heutigen ist es ja unmöglich gemacht worden, diesem Gefühl, bzw. diesem Gefühls-Amalgam von Stolz und Erniedrigung zu entgehen. Während unsere Vorfahren die skandalisierende Tatsache ihrer Unwichtigkeit, also die Tatsache, daß sich nicht nur nicht alles, sondern überhaupt nichts um sie drehte, nur *gewußt* hatten – und was ist schon Wissen? – haben wir diesen Skandal nun ja wirklich sinnlich *wahrgenommen*, haben wir ja die vereinsamt durch die Schwärze des Raums rollende irrelevante Kugel unserer Erde wirklich mit eigenen Augen gesehen. Nein, schlimmer als das: waren wir ja kaum in der Lage, diese Irrelevanz *nicht* zu sehen. Unter uns drei Milliarden Menschen, mindestens unter uns Abermillionen von technologisch modern ausgerüsteten Bewohnern dieser, „Erde" genannten, irrelevanten Kugel hat es ja nur Einzelne gegeben, die sich vor dem Anblick dieses Skandals oder vor den Reproduktionen dieses Anblicks hätten retten können. Ich glaube kaum, daß wir dazu fähig sein werden, den schrecklichen Augenblick, in dem wir uns selbst und die für uns im Alltag noch immer unermeßliche und zum allergrößten Teil unvertraute Erde zum ersten Male als fremdes Gestirn erkennen mußten, jemals ganz zu verwinden. Die garnicht so seltene Allergie gegen die Raumfahrt mag zwar in vielen Fällen moralische Wurzeln haben: auch mir ist es kaum erträglich, zu wissen, daß, während und weil der Sprung zum Mond gelingt, in Vietnam Tausende zugrundegehen. Und der Verdacht, den auch ich unterschreibe, daß Millionen der Fernseh-Konsumenten, die sich heute im Vietnam-Zeitalter für die Raumfahrt begeistern, das nur aus Eskapismus-Gründen tun; daß sie *das Universum als einen Elfenbeinturm verwenden*, der ist gewiß berechtigt. Aber dieser moralische Grund für die Allergie gegen die Raumfahrt ist nicht der einzige, und wohl auch nicht der Hauptgrund. Unter zehn Allergikern, die den Gedanken an Kosmonautik von sich schieben, gibt es gewiß neun, die das aus Angst vor dem Verlust der Egozentrik oder der Geozentrik tun, aus derselben Angst vor Kopernikus, die die Kirche seinerzeit dazu veranlaßt hat, Bruno und Galilei zu bekämpfen. Emotional stehen wir alle heute noch gegen Galilei. Und wenn man es sich erlauben darf, psychologische Prognosen zu stellen: So manche Neurosen des kommenden Zeitalters werden wohl darin ihren Grund haben, daß unsere Kinder und Kindeskinder auf Leistungen werden stolz sein müssen und wirklich stolz sein werden, die ihnen, da sie sich durch sie als nichtig oder gar als vernichtet erkennen werden, eigentlich aufs tiefste zuwider sein werden.

§ 15. Das teleskopische Gefälle

Die Theorie des „Prometheischen Gefälles“, die ich vor mehr als fünfzehn Jahren, vor allem angesichts der Existenz der Vernichtungswaffen, entwickelt hatte,[1] hatte besagt, daß wir Heutigen fähig sind, ungleich mehr herzustellen als vorzustellen; daß „phantastisch“ heute nicht die Gebilde unserer Phantasie sind, sondern die unserer Technik, die die äußersten von uns imaginierbaren Leistungen schon überholt haben; daß wir zwar Hunderttausende im Handumdrehen umbringen können, aber außerstande bleiben, das Bild von nur hundert Umgebrachten heraufzubeschwören.

Nun, diese Differenz ist nicht die einzige, die heute von Wichtigkeit ist. Es gibt eine andere (übrigens sehr viel ältere), deren Bedeutung für das Verständnis unserer heutigen Situation sogar noch größer ist als die des „prometheischen Gefälles“. *Die Differenz*, die ich meine, *ist die zwischen der Größe dessen, was wir herstellen können, und der Relevanz, die wir uns selbst und unserer Existenz im Weltganzen einräumen.* Es kann nämlich keine Rede davon sein, daß wir, je mehr wir leisten, in unseren Augen um so wichtiger werden. Die Regel, die hier gilt, besagt sogar umgekehrt: *Je höher unsere naturwissenschaftlichen und technischen Leistungen steigen, um so tiefer sinkt die Funktion, die wir uns selbst als Mitspielern im Universum zugestehen.* Niemand, der durch ein Teleskop blickt, fühlt sich durch die menschliche Erfindung, die ihn instandsetzt, in einen maßlos erweiterten Himmelsraum und auf maßlos vergrößerte Himmelskörper zu blicken, größer als zuvor. Umgekehrt ist die Wirkung so, als wenn der Himmelsraum durch das Rohr strafend auf uns zurückblickte und uns um so vieles schrumpfen machte, als er sich durch unseren teleskopischen Blick auf ihn erweitert hat. Wir dürfen wohl von einem *„teleskopischen Gefälle“* sprechen.

Nun, als unbeträchtlich hatte unsere Existenz auch früher schon gegolten, in Religionen und Philosophien, die uns als bloßen Kreaturen eine höchst verächtliche Rolle zugewiesen

[1] ‚Die Antiquiertheit des Menschen‘, S. 21 ff.

hatten. Aber wie ehrenvoll waren wir doch noch gewesen, da wir ja trotz unserer Verächtlichkeit in unseren Augen doch immer noch als diejenigen Wesen gegolten hatten, um die es in der Welt geht, „um die sich die Welt dreht", nein, denen zuliebe sogar das Weltall geschaffen worden war. Damit war es schon seit langem aus gewesen, nicht erst heute sind wir auf einen kosmisch peripheren und unwichtigen Platz relegiert worden. Aber heute hat nun eine Potenzierung dieses Zustandes stattgefunden, wir haben eine zusätzliche Degradierung erfahren. Was heißt das?

Daß die durch Kopernikus offenbar gewordene Irrelevanz des Menschen und „seiner" Erde im Universum zwar jedermann bekannt geworden war; daß aber nur eine unbeträchtliche Minorität, gewissermaßen eine Elite von metaphysischen Helden oder Desperados, den Mut aufgebracht hatte, der deutlich gewordenen Irrelevanz und Winzigkeit des Menschen ins Auge zu blicken; und eine noch kleinere Elite die Tapferkeit besessen hatte, diese Tatsache wirklich und ununterbrochen im Auge zu behalten. Neunundneunzig von hundert haben den ihnen höchst unangenehmen, um nicht zu sagen: traumatischen Sachverhalt verdrängt[1] und selbst das ist noch eine ungenaue, eine allzu euphemistische Formulierung, da die Rede von „Verdrängen" ja unterstellt, daß die (angeblich) Verdrängenden erst einmal ausnahmslos durch die Erfahrung ihrer Irrelevanz getroffen worden seien, und diese Tatsache in ihrer ganzen Schrecklichkeit aufgefaßt hätten – wovon kaum die Rede sein kann, da die Betroffenheit selbst vermutlich schon erfolgreich

[1] Andererseits pflegte man – dies war ein Trick aller revisionistischen Volksbildungspolitik, und dieser Urania-Trick wird auch heute noch angewandt – die Enormität des Weltalls und die Winzigkeit der Erde zu betonen, weil man denjenigen, die man damit erschreckte, die Fähigkeit nahm, die Enormität der politischen Herrschaft und die Winzigkeit der eigenen Macht zu erkennen, und ihnen gleichzeitig einredete, sie seien durch diese Konfrontation mit dem physischen Weltall „Materialisten", wie es sich gehöre. Die herrschende Klasse liebt es, sich des Kopernikus als Bundesgenossen gegen die Ohnmächtigen zu bedienen. Durch die Rede von dem „Stäubchen", das unsere Erde darstelle, und den Millionen von Jahren, die entfernte Sternnebel benö-

abgewehrt worden ist, also gar kein Trauma eintrat, dessen nachträgliche Verdrängung erforderlich gewesen wäre.

Wie gesagt, heute ist das alles ungültig geworden. Die Mauselöcher der Egozentrik oder der Geozentrik, in die sich jene Millionen, die von Kopernikus hatten läuten hören, bis vor kurzem noch hatten verkriechen können, gibt es nicht mehr. Die zwei abenteuerlichen Leistungen: der Raumflug selbst und dessen Bildübertragung haben Ignoranz unmöglich gemacht. Von der Unbeträchtlichkeit seiner Erde und damit von seiner eigenen Nichtigkeit *nicht* Notiz zu nehmen, das ist niemandem mehr vergönnt. Niemand ist fähig, was er täglich auf dem Fernsehschirm sieht, und was er überdies voll Stolz betrachten soll und auch wirklich mit Stolz betrachtet, zu verdrängen. Bis gestern mögen meine Nachbarn zur Rechten und zur Linken von der Ungültigkeit des Geozentrismus „nur gewußt" haben, nur so, daß das Gewußte konsequenzlos blieb. Heute nicht mehr. Heute ist ihnen die Ungültigkeit des Geozentrismus „unter die Haut gegangen". Und aus diesem Grunde behaupte ich, daß sich einerseits unser Kopernikanismus potenziert habe, und daß wir andererseits – was wirklich nur die andere Seite derselben Medaille ist – eine neue Degradierung durchgemacht haben.

Nachdem wir uns nun selber als nicht der Rede wert auf dem Fernsehschirm gesehen haben, wissen wir nun wirklich, wie winzig wir sind; und wie einseitig wir gewesen waren, wenn wir noch gestern, Bacon nachplappernd, behauptet hatten, daß „Wis-

tigen, um unsere Augen zu erreichen, werden wir so tief eingeschüchtert, daß wir die Kraft verlieren, zusätzlich auch noch über unsere Ohnmacht und über unsere wirtschaftliche Winzigkeit zu erschrecken. – Entsprechendes gilt übrigens von der Emphase, mit der man auf die morphologische und koloristische Schönheit vieler, nein aller Organismen hingewiesen hat (z. B. Häckel) und auch heute noch hinweist. Durch Betonung der Schönheit der Natur (deren Beginn nicht zufällig mit dem Beginn des Jugendstils zusammenfiel) versuchte man, die Häßlichkeit und Desorganisiertheit des herrschenden Wirtschaftssystems, der Wohnverhältnisse und der durch Industrie entstellten Menschen vergessen zu machen.

sen Macht" sei. Mindestens ebenso berechtigt wie Bacons Satz wäre dessen Umdrehung, also die These, daß *„Wissen ohnmächtig macht"*. Harold Ureys Behauptung: „The further out he (man) goes, the smaller he seems to become",[1] trifft den Nagel auf den Kopf.

So winzig sind sich Menschen noch niemals vorgekommen, wie wir uns vorgekommen sind, als wir unsere Erde vereinsamt im Raume schweben sahen als einen nichts als existierenden Ball, der vom Dasein des ihn bekriechenden Menschengeschlechts nicht das Mindeste verriet, und dessen Aussehen uns wahrhaftig das Recht gegeben hätte, uns zu fragen, ob nicht die Rede von unserer Existenz ein größenwahnsinniges Märchen sei.

§ 16. Umkehrung des Gefälles: Das Universum im Zimmer

Je größer der Raum des von uns Eroberten und Erreichten, desto winziger scheint er zu werden, da er ja, um bei uns anzukommen, mit Sonne, Mond, Erde und Sternen erst einmal „nippifiziert"[2], d. h. in die Größe beziehungsweise die Winzigkeit unserer Fernsehschirme übersetzt werden muß. Gewiß trifft es zu, daß wir bisher die Enormität des Universums und die Exzentrizität unserer Erde nur hatten denken, nicht dagegen hatten wahrnehmen können. Dennoch ist es durchaus möglich, daß das bloße Denken dem Enormen angemessener ist, daß es die Wahrheit des Enormen besser „wahrnimmt" als das Wahrnehmen, da dieses sich eben, wenn es auf die Präsentierung der Enormität nicht verzichten will, darauf beschränken und damit bescheiden muß, das Enorme in Postkartengröße entgegenzunehmen. Möglich, daß diese Verfälschung nicht ganz so schlimm wäre, wenn uns eine ganze Zimmerwand, einem Breitwandfilm ähnlich, als Fernsehschirm dienen würde, wodurch die, der Wahrheit angemessenere, Illusion entstehen würde, daß wir in die unendliche Tiefe und Weite des Raums hineinblicken. Aber diese Chance existiert nur in den seltensten Fällen. Umgekehrt

[1] Siehe ‚Newsweek' 6. 1. 69.
[2] ‚Die Antiquiertheit des Menschen', S. 118 f.

vergessen wir, wenn wir vor unseren Apparaten sitzen, zumeist, daß wir uns samt Zimmer und Haus und Stadt und Erde im Universum befinden, nein, oft haben wir sogar das Gefühl, daß sich das Universum in unserem Zimmer befinde: Rechts steht dann der Plattenschrank, links die Getränke-Bar, und in der Mitte schwebt als drittes Möbel das Universum.

§ 17. Konkreter Sinn von „abstrakt" und „konkret"

„Wer versucht, den Mond zur Erde zu machen, dem ‚vermondet' sich die Erde."[1] Man braucht wahrhaftig kein Theoretiker zu sein, um diese Einsicht zu haben. Lovell hat gewiß noch niemals den Anspruch erhoben, als Philosoph klassifiziert zu werden. Aber als er die vor seinen Augen aufgehängte Erdkugel erblickte, da machte er eine Bemerkung, die auf diese Einsicht herausläuft. Wenn er, so erklärte er nämlich, als nicht-irdisches Wesen, von einem anderen Stern kommend, mit dem Anblick dieser Kugel konfrontiert worden wäre, dann wäre es ihm vermutlich niemals eingefallen, daß es auf dieser Lebewesen geben könnte, mindestens hätte er das wohl bezweifelt.

Ich betone das deshalb, weil ich glaube, daß die räumliche Distanzierung von der Erde, die durch den Triumph der Technik möglich geworden ist, Millionen von Menschen eine Chance geschenkt hat, die bis heute nur diejenigen genossen hatten, die die „Anstrengung des Begriffs" auf sich genommen hatten: nämlich die Chance der *Abstraktion.* – Oder präziser: Der Sinn der Wörter „abstrahieren" und „abstrakt" und „konkret" hat sich durch die bemannte Raumfahrt verändert. *Der in den Raum geschossene Pilot ist nämlich „abstrakt"*, und das sogar in einem sehr konkreten Sinne, nämlich *in dem Sinne von „abgerissen"*; „abgerissen" ist ja die wörtliche Übersetzung des lateinischen Wortes. Und als in den Raum geschossener Pilot ist er eben *nicht mehr „konkret"*, wiederum in wörtlichen Sinne, nämlich *nicht mehr zusammengewachsen mit der Erde*, an die er bis zum Abschuß als Irdischer fixiert gewesen war.

[1] ‚Der Mann auf der Brücke', S. 17.

Seit der Explosion der ersten Atombombe besteht die sehr reale Möglichkeit, daß wir unseren Erdball in eine tote Kugel verwandeln. Ist es nicht höchst sonderbar und vielleicht mehr als eine Koinzidenz, daß wir in derselben Epoche, in der wir fähig geworden sind, dieses Totsein herzustellen, auch fähig geworden sind, das Bild des toten Planeten mit eigenen Augen zu sehen?

§ 18. Das Epochale – aber wo macht es Epoche?

„Epochal" hat man den Flug zum Mond genannt – und das scheint wahrhaftig rechtmäßig. Aber das scheint nur so.

Denn „epochal" können wir allein dasjenige nennen, was mit den Maßstäben der Erde, richtiger: mit denen der irdischen Menschheitsgeschichte gemessen, „Epoche macht". Nun besteht aber die Größe, und damit das im ungenauen Sinne „Epochale" der astronautischen Leistung gerade darin, daß wir fähig geworden sind, den Umkreis des Irdischen und der irdischen Maßstäbe zu verlassen. Daß dieser Umkreis: unsere Erde, innerhalb des Sonnen- oder gar des Milchstraßensystems relevant sei, also „Epoche mache", davon kann nun aber, wie wir seit Kopernikus wissen, keine Rede mehr sein. Vielleicht macht auch dieses Riesensystem seine „Geschichte" durch, das geht uns hier aber nichts an, mit diesem Naturbegriff von „Geschichte" hat das, was wir, übrigens auch erst seit ziemlich kurzer Zeit, „Geschichte" nennen, nichts zu tun.

Paradox formuliert: *Das geschichtlich Epochale unseres Mondfluges besteht darin, daß wir uns haben fähig machen können, den Bereich, innerhalb dessen es menschliche Geschichte gibt, zu verlassen* und in die luft- und geschichtslose Luft von anderen Planeten einzudringen. Und darin, daß wir, den Erdball vor Augen, nun dazu gezwungen sind, zuzugestehen, daß wir: nämlich *unsere Geschichte* auf der Erde, sofern von dieser kosmisch überhaupt Notiz genommen werden sollte (was höchst unwahrscheinlich ist) bestenfalls *eine Episode im geschichtsfremden Raum der Natur* bleiben, *etwas Zeitliches, umschlossen vom Raum des zeitlich Neutralen.* Aber wo macht diese Tatsache, daß wir der Geschichte den Rücken zuwenden und uns aus der Geschichte herausbegeben können, Epoche? Wo gilt sie? In irgendeiner Region außerhalb der Erde, außerhalb der Geschichte? Oder gilt sie nicht einzig und allein auf der Erde? Bei uns? Im „Raume unserer Geschichte"?

In anderen Worten: Wenn wir unseren, den Kopernikanismus sinnlich bestätigenden Absprung aus dem Irdischen als „epochal" bezeichnen, dann beweisen wir dadurch, daß wir diesen Sprung noch als Nicht-Kopernikaner erleben und beurteilen, mithin, daß wir in der Wertung und Deutung unserer Leistung hinter unserer eigenen Leistung zurückbleiben.

Erlaubt wäre es freilich auch, umgekehrt zu behaupten, daß wir den Mond dadurch, daß wir ihn tatsächlich erreichen, in den Umkreis unserer Erde, und damit auch in den der *Geschichte unserer Erde,* und damit auch in unsere Geschichte mit hineinziehen, also wirklich zu unserem Trabanten machen. Aber wenn das zuträfe, würde das letztlich nichts anderes bedeuten, als daß wir die kosmisch unwichtige Sphäre des Irdischen so erweitert haben, daß sie nunmehr auch den Mond mit einbegreift.

§ 19. Exkurs über den Begriff „historisch"

„Und morgen wird dann um 17.51 die historische Wasserung der Kosmonauten erfolgen." Oder: „Kurz danach werden Sie dann Zeuge der historischen Rede Präsident Nixons an Bord des Flugzeugträgers ‚Hornet' werden."

So wird heute, und zwar mit solcher Selbstverständlichkeit, daß kein Rundfunkhörer oder Fernseher mehr überrascht ist, das Wort „historisch" verwendet. Da wir im Zeitalter der methodischen Herstellung der Vergeßlichkeit leben, in dem das jeweils heute oder morgen stattfindende Ereignis als das größte Ereignis überhaupt gelten soll, wird als „historisch" nicht mehr, wie es „historisch usuell" gewesen war, dasjenige Ereignis bezeichnet, das, obwohl vergangen, eben durch seine Bedeutung auch heute noch lebendig ist und auch morgen noch nachwirken wird – diese Wichtignahme des Gewesenen würde den Interessen derer, die uns jeweils Gegenwärtiges ankündigen, auftischen und verkaufen, im Wege sein. „Historisch" soll vielmehr ausschließlich dasjenige Sensationelle sein, das bald stattfinden wird, im besten Falle dasjenige, was gerade stattfindet. In neunundneunzig von hundert Fällen wird das Ehrenprädikat „historisch" in einem „Praenumerando-Sinne" verwendet. Und als „historisch" soll ein Ereignis immer nur im Augenblick des Konsums selbst oder während der kurzen Frist, in der man das Ereignis gespannt erwartet, gelten. Nicht etwa noch nach einer Woche, da ja das Interesse für das vor einer Woche Gewesene dem Interesse an der „Weltware", die man nun, eine Woche später, offeriert, im Wege stehen würde. Ähnliches kennen wir ja aus der heutigen Verwendung des Wortes „unvergeßlich" in Reiseprospekten: „Visit unforgettable Ireland!" fordert das Plakat auf, „unvergeßlich" soll es also bereits praenumerando sein, man soll nicht etwa Irland erst besuchen und dann nicht vergessen können, sondern, umgekehrt soll man das Land besuchen, weil es unvergeßlich sein wird, nein, nicht sein wird, sondern bereits *ist*, denn unvergeßlich soll es eben immer nur praenumerando sein, höchstens noch während des Irlandaufenthaltes selbst, während des Photographierens; aber auf keinen Fall nach dem Besuch, da dann ja der Besucher wieder frei sein soll, sich für den Besuch eines anderen „unforgettable country", eines unvergeßbaren Portugal oder eines unvergeßbaren Hongkong, zu interessieren.

Als ich heute – Apollo 11 ist unterwegs – in einem Gespräch mit meinem Zeitungstrafikanten den Flug des Apollo 9, der ja wahrhaftig noch nicht so lange zurückliegt, und der damals, vor einem halben Jahre, als er aktuell war, natürlich „historisch" genannt worden war (und hätte sich damals jemand unterstanden, an diesem Ausdruck Anstoß zu nehmen, er wäre gewissermaßen als ein „Hochverräter des Tages" angesehen worden) – also als ich im Gespräch mit diesem Manne diesen Apollo 9-Flug so wie damals (vermutlich zum letzten Male) „historisch" nannte, da gab er mir zuerst einen leeren Blick – so rasch von Apollo 11 zu Apollo 9 zurückzuschalten, das bereitete ihm offenbar Schwierigkeiten – dann wurde er ungläubig und schließlich äußerst argwöhnisch, so als verdächtigte er mich des Versuches, durch das Lob der Leistung von Apollo 9 die Leistung von Apollo 11 (mit dem er sich, da er mit ihm das Jetzt teilte, solidarisierte, und auf den er stolz war) zu schmälern oder gar auszulöschen. „Apollo 9?" fragte er gedehnt zurück, „Sie sagten 9?" Als ich das mit einem verständnislosen „Warum nicht?" bestätigt hatte, schien er plötzlich zum Vertreter aller seiner vier Milliarden Zeitgenossen zu werden, die sich an das, was ihnen jüngst erst, long long ago, als „historisch" aufgetischt worden war, nicht nur nicht mehr erinnern, sondern sich daran auch nicht mehr erinnern sollen, und die das deshalb auch nicht mehr wollen, und die das deshalb auch nicht mehr können. Und er warf sich in eine bei ihm völlig unübliche aggressive Positur, so als würde er es niemals dulden, nein, als würden sie, die vier Milliarden, die er nun repräsentierte, es niemals dulden, wenn ich versuchen würde, das Geschehen, das sie heute als „historisch" genossen und weitergenießen würden, durch Ablenkung auf Vorgestriges in den Schmutz zu ziehen. Und erst als ich dem Mann so weit entgegenkam, auch die Ansprache Nixons auf dem Mutterschiff Hornet, die, da sie ja „historisch" war, noch ausstand, ebenfalls „historisch" zu nennen, als ich also den Ausdruck wieder in dem liebgewordenen und vertrauten Praenumerando-Sinne verwendete, schien er sich wieder zu entspannen. „Na also", brummte er, und er meinte dabei: Warum erst einmal solche Extravaganzen? „Habe die Ehre, Herr Doktor."

Nichts ist für uns, die wir soeben der Epoche des Historismus entronnen sind, erstaunlicher, um nicht zu sagen: beschämender, als daß die Historie des Begriffs „historisch" ihre Kulmination nun in dieser total degenerierten Begriffsverwendung erreicht. Es ist keine Übertreibung, zu behaupten, daß diese Degeneration des Begriffs „historisch" ein historisches Ereignis ersten Ranges ist – und zwar eines im echten Sinne von „historisch": nämlich in dem, daß diese Degeneration auch noch in den nächsten Jahrzehnten wirksam bleiben wird (ohne freilich in der ausdrücklichen Geschichte des Geschichtsbegriffes Erwähnung zu finden).

§ 20. Die erste ewige Menschenleistung

Diejenigen unserer Menschenwerke, die wir in unserer lächerlich kurzen Menschheitsgeschichte „ewige Werte" genannt hatten, die sind oder waren im besten Falle etwas weniger kurzlebig als wir selber und als unsere üblichen Produkte, aber letztlich natürlich genauso sterblich wie diese. Wo es Geschichte gibt, da gibt es nichts Ewiges. Und es hat kaum etwas im Laufe der Menschengeschichte gegeben, was veränderlicher gewesen wäre als der Begriff „ewig", und was den geschichtlichen Veränderungen so exponiert gewesen wäre wie die von uns Menschen erfundene Idee der Ewigkeit. Nicht nur gilt, daß Geschichte ein Intermezzo im Medium des Ungeschichtlichen ist, sondern ebenso, daß die Begriffe der Ewigkeit und der Unvergänglichkeit nur vorübergehende, im Laufe der Geschichte auftauchende und sich verändernde und gewiß mit uns zugrundegehende Begriffe sind. Trotzdem dürfen wir heute, zwar nicht von menschlichen Produkten, aber doch von menschlichen Spuren behaupten, daß sie ewig bleiben werden, in einem ungeschichtlichen Sinne ewig, daß sie nämlich so lange unverändert bleiben werden, wie der heutige astronomische Status unverändert bleiben wird. Bekanntlich gibt es auf dem Mond keine Atmosphäre, also keinen Wind, der die Spuren der aufgesetzten Landefähre verwehen und die Fußstapfen der Raumfahrer verwischen könnte. Zum ersten Male hat die Menschheit also die Chance, etwas hervorzubringen, was durch alle Ewigkeit weiterbestehen wird. Die Ewigkeit, in die diese Spuren der Menschen eingehen werden, ist freilich eine von erbärmlicher Art, das Wort bezeichnet nichts Übergeschichtliches, sondern etwas *„Untergeschichtliches"*. „Unvergänglich" ist nur der Ausdruck für dasjenige, was, da es noch nicht einmal geschichtlich ist, noch nicht in der Lage ist, sich zu verändern; und „ewig" werden diese Fußspuren allein deshalb, weil es dort, wo der Tod herrscht, noch nicht einmal Sterben gibt. Aber wie dem auch sein mag, es ist durchaus denkbar, daß, wenn nichts mehr vom Leben der Menschen auf der Erde Zeugnis ablegen wird, keine Pyramide, kein Dom und keine Abschußrampe, daß dann die Fußspuren von Armstrong und Aldrin noch immer tadellos von ihrem Mondbesuch Rechenschaft ablegen werden – freilich für niemanden; wodurch sie nichtiger sein werden als die vergänglichen Dinge, von denen wir Vergänglichen immerhin Kenntnis nehmen können.

§ 21. Die Zentrifugalität ist egozentrisch

Wenn man es sich klarmacht, daß Kosmonauten den Umkreis des Irdischen transzendieren, dann scheint es nicht nur widersinnig, sondern einfach albern, wieviel Wert die Weltraummächte darauf legen, und wieviel sie aus Stolz auf das eigene Land dafür tun, um zu verhüten, daß Bürger anderer Staaten den Boden des Nichtirdischen als Erste betreten. Aber so widersinnig und so albern spielt sich der Wettlauf der Transzendierenden ab. *Die Zentrifugalität geht egozentrisch vor sich.* Während die aus der Ferne auf ihren Heimatstern zurückblickenden Astronauten den ganzen Globus, bzw. dessen ganze Kugelhälfte, mit einem einzigen Blick auffassen, aber durch kein noch so scharfes Teleskop instandgesetzt werden könnten, Grenzen zwischen ihrem eigenen Lande und anderen Ländern auszumachen, geraten die unten Zurückbleibenden bei dem Gedanken, daß der Erste, der einmal das politisch noch neutrale Gebiet des Mondes betreten und das Wort „unser" aussprechen wird, vielleicht einer von den Anderen sein könnte, in Panik. Wahrhaftig, die Menschen sind ihren eigenen technischen Leistungen moralisch nicht gewachsen, jenes „prometheische Gefälle", das ich vor fünfzehn Jahren geschildert hatte, ist noch viel weiter verbreitet, als ich es damals geahnt habe. Wie schändlich – aber daß das eintreten wird, das ist sehr wahrscheinlich – daß die ersten, die auf dem Monde landen werden, keine Erd- oder Menschheitsflagge hissen werden (diese Flagge gibt es ja garnicht) sondern ihre Nationalflagge. Gleich welche. Der Aufbruch aus dem Irdischen wird von „kosmisch Provinziellen" geleistet, und in einem Symbol des Lokalpatriotismus wird er seinen ersten Triumph finden.[1] Um so tröstlicher, wenn hie und da doch die Stimme der Vernunft laut wird. So soll Borman kurz vor sei-

[1] Unterdessen längst zur Wahrheit geworden.

nem Start den Ausspruch getan haben: „Wenn du schließlich den Mond erreicht hast und zurückblickst auf die Erde, dann beginnen alle diese Differenzen und nationalen Eigentümlichkeiten ineinander überzugehen, und dann fängst du an zu begreifen, daß unsere Welt wirklich *eine* ist; warum zum Teufel können wir es denn nicht lernen, wie anständige Menschen miteinander auszukommen?" (Newsweek 27. 12. 68) Das ist in der Tat, wie parochial und kleinbürgerlich das Vokabular auch sein mag, ein antiprovinzieller Ausruf. Aber bedauerlicherweise ein sehr seltener.

§ 22. Je schrankenloser, desto beschränkter

Die Regel ist, daß wir um so kleiner und beschränkter und philiströser werden, je weiter der Horizont dessen sich ausdehnt, was uns zur Verfügung steht; und daß wir eigentlich erst heute, eben weil nun alle Schranken gefallen sind, erfahren, was Beschränktheit ist. Beispielhaft beschränkt und philiströs sind jene Zweitausend – aber diese stehen für Hunderttausende und Millionen – die sich, teils enttäuscht, teils empört, bei der Fernsehdirektion der CBS darüber beklagt haben, daß diese die Übertragung einer immerhin nicht unwichtigen Sportveranstaltung abgebrochen habe, um ihnen statt dessen etwas „so an den Haaren Herbeigezogenes vorzusetzen wie das dreihunderttausend Kilometer entfernte Apollo-Raumschiff und das Bild der Erdkugel, auf der sie ja ohnehin lebten und die sie ja sowieso jeden Tag sehen" könnten.

Nicht minder beschränkt und philiströs sind aber auch jene in die Tausende von Kilometern entfernte Kabine einmontierten Navigatoren, die ihre Freizeit dort oben mit nichts Besserem zu verbringen wissen, als mit dem Anhören des Rundfunkberichtes über die Baseball-Resultate ihrer Heimatstadt. Schlußfolgerung: *Nicht in mangelnder Intelligenz besteht Beschränktheit primär, sondern in mangelndem Interesse an Entferntem.*

Und trotzdem: Verglichen mit jenen, die noch vor einem halben Jahrhundert als „Philister" gegolten hatten, sind die heutigen, an Ergebnissen von außerhalb ihrer Heimatstädte spielenden Sportmannschaften interessierten Philister geradezu Abenteurer der Ferne und Kosmopoliten allerersten Ranges.

Es gibt wohl keine schönere Illustration unserer These, daß der Mensch „kleiner" sei „als er selbst", daß er seinen eigenen Leistungen nicht gewachsen sei, als die Begegnung Präsident Nixons mit der gerade vom Monde heimkehrenden Besatzung der Apollo 11. In seiner, übrigens schon (siehe oben) praenumerando als „historisch" angekündigten, Begrüßungsansprache fragte Nixon nämlich die Drei, ob sie bereits über den Sieg des Teams X über das Team Y informiert seien – um welche Sportart und um welche Teams es sich dabei handelte, hatte ich bereits in demjenigen Augenblicke, in dem Nixon seine Frage stellte, vergessen. Dies sehr im Unterschiede zu den Rückkehrern vom Monde. Denn diese wußten über diesen Sieg „längst schon" Bescheid, und weder sie selbst noch ihr Präsident waren über dieses ihr Bescheidwissen erstaunt. Der Himmel scheint von der Erde mehr zu wissen als die Erde vom Himmel. Gleichviel, da keiner von den Dreien spürte, wie unangemessen und wie inferior es war, nach ihrer Rückkehr vom Monde (immerhin!) solche irdischen Siege auch nur des Notiznehmens für wert zu halten, spürten sie auch nicht, daß Nixon sie, da er sie als diejenigen einschätzte, die sie tatsächlich waren, aufs tiefste beleidigte. Es gibt nichts, was über die Harmonie der Inferioren ginge.

Provinziell sind nicht nur diejenigen, die nur an den Ereignissen aus den Lokalteilen ihrer Zeitung, nicht aber am Flug ins sogenannte „All" teilnehmen;

nicht nur diejenigen, die sich, während sie die Erde umkreisen, doch für das Fußballmatch ihres Teams unten mehr interessieren als für das „All", das sie durchsausen;

nicht nur diejenigen, die ihrem Enthusiasmus über das Gelingen nur mit Hilfe jenes Vokabulars Ausdruck zu geben vermögen, mit dem sie gewohnt sind, ihrer Begeisterung über das Gelingen eines Geschäfts- oder Sportcoups Ausdruck zu geben;

sondern auch diejenigen, die von den Mondfahrern behaupten, daß diese „in die Tiefe des Alls" eindringen und die sich einreden, nun könnte man aus der chemischen Zusammensetzung des Mondes (wie es in einem durch die Presse aller Länder geisternden, einen Ausspruch von Urey entstellenden, Zitat heißt) den *„Ursprung des Universums erschließen"* und mehr über das All erfahren als aus der Untersuchung der Erde. Das ist nicht nur dummes Zeug, denn es ist ja nicht einzusehen, warum der Mond typischer für das Universum sein und mehr über dessen angeblichen Beginn aussagen sollte als die Erde, sondern auch auf sonderbare Weise hoffnungslos geozentrisch. Denn die das behaupten oder nachplappern, die nehmen ja ihre Erde als ein gewissermaßen nicht zum All gehörendes Ding sui generis. Die Tatsache, daß *jeder, der auf der Erde lebt, selbst ein Stück All* ist, *das auf einem Stück All durch das All fliegt* – eine Tatsache, die uns noch niemals so überzeugend und so überwältigend vor Augen geführt worden war, wie durch die von den Kosmonauten zu uns hinunter- beziehungsweise hinaufgeschickten Bilder des im All schwebenden Allstückes, das „Erde" heißt – diese Tatsache haben sie eben doch noch nicht in ihrer ganzen kränkenden Wahrheit aufgefaßt. Kurz: Wir, beziehungsweise die Kosmonauten, sind nicht hinausgeflogen ins All. Vielmehr sind wir innerhalb des Alls von einem Allstück zum anderen geflogen. Was die Nichtbeschränkten durch den sogenannten „Flug ins All" erfahren, ist, daß sie selber pausenlos als Allstücke durchs All fliegen, und daß es nichts gibt, was von diesem Flug ausgeschlossen wäre.

§ 23. Die Visitenkarte der Dummheit

HERE MEN FROM THE PLANET EARTH FIRST SET FOOT UPON THE MOON IN JULY 1969 A. D. WE CAME IN PEACE FOR ALL MANKIND.[1]

Dies ist der Text, den die zwei ersten Ankömmlinge auf dem Monde deponierten. Wozu eigentlich? Und für wen eigentlich? Läuft das nicht auf reine „Science fiction" bzw. „Ignorance fiction" heraus? Gemeint ist der Text offensichtlich für die Mondbewohner, sofern es solche geben sollte und diese zufällig

[1] „Hier haben Menschen von dem Planeten Erde im Juli 69 zum ersten Male ihren Fuß auf Mondboden gesetzt. Wir kamen mit friedlichen Absichten für die ganze Menschheit."

sich an diesen Platz verirren sollten. Denn späteren menschlichen Besuchern dieses Platzes, etwa Russen oder Chinesen, eigens zu erklären, daß das Wort „Erde" den von diesem Platz aus sichtbaren Planeten bezeichne, das würde sich ja erübrigen. Für die „Eingeborenen" der Luna also. Von denen man offenbar voraussetzt, daß sie Augen besitzen wie wir, daß sie mit diesen lesen können wie wir, daß sie mit den lateinischen Lettern vertraut sind wie wir, daß sie Englisch beherrschen wie wir, daß sie wie wir wissen, was mit A. D. und mit dem „Dominus" gemeint ist, und daß dessen Geburt als Nullpunkt der Zeitrechnung auf dem Planeten Erde gelte; und daß sie wie wir wissen, was Krieg und Frieden sei – freilich auch, daß der Friede, den die Eindringlinge als Motiv ihrer Landung angeben, nur der MANKIND, der Menschheit, gelte, der sie offenbar als virtuell Eroberte ebenfalls zugehören. Kurz: Mit der Visitenkarte, die die Piloten auf dem Mond abgegeben haben, haben sie sich genauso benommen wie es die Amerikaner in allen fremden Ländern, mindestens in allen von ihnen beherrschten Ländern zu tun gewohnt sind: als Wesen, die es eigentlich selbstverständlich finden, daß ihre Sprache Weltsprache sei, und die es sich nicht recht vorstellen können, daß es normale Wesen geben könnte, die Englisch nicht beherrschen.

§ 24. Das spektakuläre Spektakel

Nein, moralisch und emotional sind die Auftraggeber dem enormen Ausmaß der von ihnen bestellten Leistungen nicht gewachsen. Einfach lächerlich, daß sie Armstrong und Aldrin eine Flagge haben mitnehmen lassen. Ganz abgesehen davon, daß das Hissen einer Flagge in der ewigen Windstille des Mondes absurd ist, das Aufpflanzen von Fahnen hat schließlich allein dort Sinn, wo man auf die Gelegenheit warten darf, andere Menschen mitzureißen oder diesen zu zeigen: „Dies ist mein, dies ist unser, folgt mir!" oder: „Dies ist mein! Untersteht euch, in diesen Umkreis meiner Souveränität einzubrechen!" – Nun, derartige Gelegenheiten existieren auf dem Monde nicht. Trotzdem benahmen sich die Piloten, natürlich im Auftrag, so, als landeten sie auf einer bis dato unentdeckten, von Eingeborenen bewohnten Südsee-Insel, denen man zu imponieren habe. *Kaum auf dem Mondboden angekommen, delunarisierten sie ihn schon.*

Dazu kommt, daß die mitheraufgebrachte Fahne – die jämmerlichste Fahne aller Zeiten – aus starrer synthetischer Folie hatte erzeugt werden müssen, weil sie sonst welk und lustlos zu Boden gehangen und vermutlich die Lunarier unfasziniert gelassen hätte; ferner, daß sie nicht (wie es ein paar Vernünftige vorgeschlagen hatten) eine Fahne der Menschheit war, eine Fahne, die, wenn auch keinem lunaren Publikum, so doch mindestens *uns* hätte zeigen können: *„Wir Menschen haben es fertiggebracht, hier hinaufzukommen"*; sondern eine Fahne der Vereinigten Staaten – was den provinziellsten Nationalstolz beweist. Tatsächlich wurde die Entscheidung für die amerikanische Flagge (auf der die Majorität der Congressmen bestand) mit der Tatsache begründet, daß die epochale Leistung der Landung ohne die Opferfreudigkeit der Amerikaner, nein *„des amerikanischen Steuerzahlers"* niemals hätte durchgeführt werden können, und daß dieser (die Millionen Steuerzahler werden durch diese Singularisierung mythologisiert) ein Anrecht darauf habe, mitzubeobachten, daß *seine* Flagge auf dem Mond gehißt wurde.

Nein, „mitzubeobachten" ist ein schiefer Ausdruck. Denn in diesem wird ja unterstellt, daß die Fernseher, vor allem die amerikanischen (aber auch wir, die ausländischen) Augenzeugen einer Szene gewesen sind, die auch ohne ihre Augenzeugenschaft stattgefunden hätte – wovon keine Rede sein kann. Vielmehr gilt, daß von vornherein sie, die amerikanischen Zuschauer, und wir, die außeramerikanischen, die ursprünglichen und einzigen Adressaten des Ereignisses „Flaggenhissung" gewesen sind, daß dieses Ereignis also ohne uns Zuschauer garnicht stattgefunden hätte, mindestens unter keinen Umständen so, wie es stattgefunden hat. Die, wie sie genannt wurde, „spektakuläre" Flaggenhissung war also im wahrsten Sinne des Wortes ein Spektakel, reines Theater, das nur für uns, die spectatores, in Szene gesetzt wurde.

Den Höhepunkt der Albernheit aber lieferte Präsident Nixon persönlich. Denn er ließ auf dem Mondboden nicht nur die

Fahne aufpflanzen, sondern auch eine Gedenkplatte deponieren, eine Platte mit einem Text, der ja, wie wir gesehen haben, nicht für später dort landende Irdische bestimmt sein kann, vielmehr (hoch die Cartoon-Tradition!) die Existenz von Lunariern unterstellt, und sogar von solchen, die der englischen Sprache und der lateinischen Schriftzeichen mächtig sind, und die wissen, was ein Präsident ist, und darüber informiert sind, wer Präsident Nixon ist. Keine Frage: *Das Vorbild der im Weißen Hause herrschenden Universumsvorstellung stammt aus den Weltraum-Cartoons.* Und selbst diese Albernheit ist noch nicht die letzte. Denn dazu kommt noch, daß Nixon seine Unterschrift auf dem Monde hat hinterlegen lassen, offenbar, damit die genannten Lunarier diese Signatur voll Ehrfurcht begaffen und es sich einreden können, den Besuch der Erdbewohner ihm zu verdanken.

§ 25. Menschheit als ‚thrilled' Publikum

Bekanntlich hat Präsident Nixon der Apollo 9-Mannschaft gratulierend versichert, ihre Weltraumleistungen stellten die „Ten days that thrilled the world" dar.[1] Die Ähnlichkeit dieser Worte mit dem berühmten Buchtitel ‚Ten days that shook the world'[2] (dem Titel des Buches von John Reed, das den Westen über die entscheidende Phase der russischen Revolution 1917 unterrichtete) kann kein Zufall sein. Natürlich will ich damit nicht unterstellen, daß ein Präsident der USA den Titel eines vor 50 Jahren veröffentlichten Buches kennen könnte, oder gar daß Präsident Nixon persönlich auf die egg-head-Idee gekommen sei, einen Buchtitel als ein Thema für Variationen zu verwenden. Derartige Kenntnisse und geistige Kapriolen dürfen den Mächtigen weder zugetraut noch zugemutet werden, die „Anstrengung des Begriffs" obliegt ausschließlich den für den Einsatz von Geist bezahlten Angestellten. Aber gleich, von wem

[1] „Thriller" = Schauergeschichte. – „Zehn Tage, die die Menschheit sensationell kitzelten."

[2] „Zehn Tage, die die Welt erschütterten."

die Variante stammen mag – daß deren Erfinder mit ihr versucht hat, den Sturm der Weltgeschichte nach einem halben Jahrhundert den russischen Revolutionären aus den Segeln zu nehmen, steht außer Frage. – Zusätzlich interessant ist die Tatsache, daß der Autor der Variante das in Reeds Buchtitel ursprünglich verwendete Wort „*shook*", das die objektive Erschütterung der politischen und geistigen Welt gemeint hatte, nun durch das Wort „*thrilled*" ersetzt hat: daß er mithin in seinen Zeitgenossen nichts anderes mehr sieht als ein Thriller-Publikum, und in der Mannschaft von Apollo 9 nur die Akteure eines Thrillers – womit er vermutlich nicht unrecht hat.

§ 26. Mediokrisierung zwecks Heroisierung

Man kann nicht behaupten, daß die Amerikaner ihre Raumschiffer mit Hilfe ihrer Massenmedien mythologisieren oder auch nur heroisieren. Mit Heroenkult hat es nämlich in Massengesellschaften, besonders in solchen, die sich als „Massendemokratien" verstehen oder ausgeben, seine eigene Bewandtnis. Wie paradox das auch klingen mag, aber um in Massendemokratien als Heroen akzeptiert und verehrt zu werden, müssen Menschen so beschaffen sein, mindestens als so beschaffen präsentiert werden, daß sich jedermann in ihnen wiedererkennen und mit ihnen identifizieren kann. Weltraum-Kandidaten haben sich daher, wenn sie zufälligerweise das Pech haben, über das Mittelmaß hinauszuragen, einer gewissen Mediokrisierungs- und Deheroisierungsbehandlung zu unterziehen. Wenn sie sich, was freilich niemals geschieht, diese Behandlung nicht gefallen lassen würden, dann würde ihnen die Chance der Heroisierung restlos versagt bleiben.

Und solche Mediokrisierung zwecks Heroisierung geht nun bei den Kosmonauten aufs unbestreitbarste vor sich. Nachdem sie nun einmal aus der infantilen Cartoon-Welt, in der sie Jahrzehnte lang existiert hatten, ausgestiegen und in die dreidimensionale Wirklichkeit „Welt" umgestiegen sind, werden sie aller jener Vergötterungen, aller jener („superman" – oder „batman" – oder „supereagle"-hafter) Elemente, mit denen sie behaftet waren, solange sie sich in Zeitungen, Kinderbüchern und Trickfilmen herumgetrieben hatten, entkleidet. Aber, wie gesagt, diese Entkleidung findet nicht deshalb statt, weil ihnen göttliche oder halbgottartige Qualitäten mißgönnt würden, sondern umgekehrt deshalb, weil Mitmenschen heute nur dann populär und berühmt gemacht werden können, wenn unterstrichen oder bewiesen wird, daß sie um nichts besser sind als unsereins, also in gewissem Sinne nichts Besonderes darstellen. Und so ist das nicht nur deshalb, weil wir keine Lust haben, ungewohnte Identifizierungsmühen auf uns zu nehmen, also nicht nur aus Faulheit; sondern auch deshalb, weil wir dadurch von der Qual des Ressentiments dispensiert bleiben. Tatsächlich kann keine Rede davon sein, daß wir heute, wie in guten alten Zeiten, Helden deshalb nacheifern oder nacheifern sollten, weil wir diesen gewissermaßen wesensmäßig unterlegen wären. Umgekehrt erkennen wir nur diejenigen Männer als Helden an, die pausenlos beweisen, daß sie uns, den Durchschnittlichen, nacheifern; daß sie sich im Wichtigsten von uns nicht unterscheiden; und die uns sogar auf dem Höhepunkt ihrer Heldenlaufbahn, und würde der selbst auf dem Mars erreicht, vormachen, daß sie sich nicht einreden, etwas Besseres zu sein als wir.[1] In Massendemokratien gilt als psychologische Regel: *„Wenn die Großen so klein sind wie wir selbst, dann fühlen wir uns so groß wie diese."* Für den, der diese Regel nicht kennt, muß, was er heute miterlebt, unverständlich bleiben. Nur weil diese Regel gilt, werden die Raumfahrer nicht als das Weltall durchkreuzende Halbgötter oder Götter serviert, sondern eben als *„boys around the corner"*

[1] Nachgetragene Anmerkung: Wenn Armstrong aus Jux nur wenige Minuten nach der immerhin nicht ganz alltäglichen Landung auf dem Monde ein Trickphoto seines lunaren Kollegen knipste; und wenn er später ein von ihm in die Kapsel eingeschmuggeltes Tonband ablaufen ließ, um die in Houston jedes minimalste Geräusch der Kapsel abhörenden Wissenschaftler und Techniker durch Indianergeheul in Panik zu versetzen, so waren das Dummejungenstreiche, die er sich nicht nur, weil er außerdem so Großes geleistet hatte, leisten konnte, sondern Streiche, die zu begehen sehr vernünftig von ihm war, da er sich durch sie bei uns auf der Erde Zurückgebliebenen als „one of our boys" zu erkennen geben und beliebt machen konnte.

– freilich nicht als ganz und gar durchschnittliche, sondern immerhin als blitzblanke, mit den Seifenflocken amerikanischer Moral gescheuerte boys, als – geben wir Newsweek das Wort – „clean cut in appearance and reality, stable, abstemious, intelligent rather than intellectual, modest, loyal, brave family men." (Sauber – und zwar nicht nur so aussehend – gleichmäßig, enthaltsam, intelligent, nicht dagegen intellektuell, bescheiden, treu, brave Familienmänner.)

Das Abenteuerlichste an dem wohl größten Abenteuer, das die Menschheit bis heute gewagt hat – denn diese Redensart ist nicht übertrieben – ist die Tatsache, daß man sich als deren Subjekte total unabenteuerliche ordentliche und familiäre Figuren aussucht; mindestens daß man keinem dieser Männer, wenn einer von ihnen ein virtueller oder heimlicher Abenteurer sein sollte, dieses sein Abenteurertum als Tugend anrechnen würde, ihm vielmehr seine Abenteuerlust austreiben und ihm das Aussehen und Ansehen eines „decent man" verschaffen würde.

§ 27. Tristitia post

Man wird einwenden, von „Deheroisierung" zu reden, sei lächerlich, die Drei von Apollo 9 seien ja in New York mit Konfetti überschüttet, also mit demjenigen Triumph ausgezeichnet worden, der sonst nur siegreichen Heerführern dargebracht werde. Aber war der Triumphzug der Drei wirklich triumphal? War das Jubelgeschrei in den Schluchten von Down Town Manhattan der Leistung angemessen? Muß nicht umgekehrt, müßte nicht mindestens, alles, was nach ihrer Rückkehr aus dem Weltraum geschieht, für die „Heroen" eine jämmerliche Antiklimax darstellen und eine erbärmliche tristitia post verursachen? Was ist denn das schon, auf der Erde deshalb gerühmt zu werden und deshalb berühmt zu bleiben, weil man diese Erde als einen im Universum unbeträchtlichen und unberühmten Himmelskörper erlebt hat? Ist nicht, verglichen mit der Welt, die man als Astronaut erfahren hat, der höchste auf der Erde geltende „Weltruhm" lächerlich parochial? Ist es nicht albern, sich deshalb rühmen zu lassen, weil man den Umkreis, innerhalb dessen menschlicher Ruhm gilt, hat überschreiten können? Ob sich nicht die Drei, während die Konfettiflocken auf sie hinunterregneten, achselzuckend gefragt haben: „Ist denn aus unserer, aus der Mondperspektive, dieser Konfetti-Schnee erkennbar? Wird dort denn Notiz davon genommen? Ist es nicht beleidigend, unsere kosmische Leistung mit einem nirgendwo ernst zu nehmenden und nirgendwo im Universum registrierbaren ‚Ehrung' genannten Klamauk zu beantworten?"

Natürlich weiß ich nicht, ob einer von ihnen das wirklich gedacht hat. Vermutlich nicht. Denn warum sollten die Gefeierten weniger beschränkt sein als die Feiernden? Aber wird der Feierlärm dadurch, daß auch die Gefeierten, denen dieser Lärm gilt, dessen Sinnlosigkeit nicht spüren, sinnvoller und angemessener? Ergibt denn Beschränktheit plus Beschränktheit eine positive Größe?

Nein, gleich ob die mit Konfetti Überschütteten die Unangemessenheit dieses Klamauks gespürt haben oder nicht – das Zeitalter möglicher Ehrungen liegt hinter uns, liegt hinter ihnen; der Horizont, innerhalb dessen Ehrungen gelten, ist zu eng geworden. Und zwar eben deshalb, weil, *was* geehrt werden soll, gerade die Sprengung dieses Horizonts ist. Die Himmel, die ihre Ehre rühmen müßten, bleiben gleichgültig ihnen gegenüber, und die Erde, selbst zu unberühmt im Weltraum, ist zu klein für ihren Ruhm. Auf angemessene Ewigkeit werden sie also verzichten müssen.

§ 28. Die Kosmonauten müssen Philister sein

Als ich las, daß nach dem geglückten Ausbruch aus dem Gravitationsfeld des Mondes die Heimreise erst einmal „verhältnismäßig unsensationell" (sogar „relativ normal" hieß es in einem Bericht) verlaufen sei, und daß die Drei einen großen Teil jener Zeit, während derer sie der von Augenblick zu Augenblick bedrohlicher anschwellenden Erdkugel entgegengestürzt seien, dieses Bedrohlichwerden garnicht wahrgenommen hätten, da sie, wie Reisende im Schlafwagen Wien–München, geschlafen hätten, da war ich erst einmal schockiert. Die Philistrosität, Verständnislosigkeit und Undankbarkeit, die diese Männer gegenüber der präzedenzlosen Chance, die ihnen da geboten wurde, bewiesen, die war, so schien mir, einfach empörend. Genau so empörend wie die Philistrosität und die Undankbarkeit jener Flugzeugpassagiere, die vor zehn Jahren während des Polarfluges neben mir gesessen und mich in Rage gebracht hatten, weil sie das weiße Nichts, das wir da überflogen, entweder einfach verschliefen, oder sofern sie halbwach waren, statt *des Nichts* einfach *nichts* sahen, und deshalb nicht auf- bzw. hinunterblickten. „The long ride out to the moon was, frankly, a bit of a drag", „die lange Reise zum Mond hat sich, ehrlich gesagt, doch ein bißchen in die Länge gezogen." Mangel an Ehrlichkeit kann man diesem Astronauten – es war Bill Anders – wahrhaftig nicht vorwerfen.[1] Nun, damals über dem Nordpol mag meine Empörung berechtigt gewesen sein. Aber diesmal? Ich zögere. Denn während es sich damals um Passagiere gehandelt hatte, handelte es sich diesmal ja um Apparatstücke, und zwar um außerordentlich delikate, die durch „human engineering" ohnehin schon so überstrapaziert sind, daß nur Narren von ihnen noch zusätzliche Leistungen verlangen oder Schonung ihnen mißgönnen könnten. Die Feststellung, sie seien ihrem ungeheuren Abenteuer, da sie dieses ja zuweilen verschlafen, psychologisch nicht gewachsen, ist zwar richtig, aber als Vorwurf ungerechtfertigt. Umgekehrt gilt, daß sie ihr Abenteuer niemals so perfekt hätten bestehen können, wenn nicht die Pla-

[1] Selbst diejenigen, die das Weltraumzeitalter inaugurieren, sind mit dessen Leistungen nicht synchronisiert. So bediente sich z. B. Wernher von Braun (am 25. 6. 69 in einem Interview für den Österreichischen Rundfunk) als er über die bevorstehende Mondlandung sprach, einer Bauern-, genauer: einer *Erntemetapher*. „Solange wir", sagte er nämlich, „*die Landung von Apollo* am 15. Juli *nicht unter Dach* haben ..." „Unter Dach!" So als wäre die Landung auf dem Mond der Roggen, der erst einmal eingeerntet und in die Scheuern gebracht werden müßte. Ich wäre nicht erstaunt, wenn wir einmal aus dem Weltall die ungeduldige Warnung hören würden: „Hold your horses, buddy!" Offenbar verändern sich Redensarten, namentlich die affektgeladenen, noch langsamer als die Denkformen. „Höchste Eisenbahn", eine dem Raketenzeitalter angemessene Sprache zu erfinden.

ner ihres Abenteuers unten in Houston auch ihren Schlaf, und sogar dessen Dauer und dessen Tiefe „according to schedule", programmgemäß, vorausberechnet und in den Ablauf des Unternehmens mit einkalkuliert hätten. Selbst durch ihr Schlafen erfüllten sie also eine bis ins letzte durchgerechnete Pflicht. – Ich gebe zu, daß die schlafend dem Erdball entgegenstürzenden Piloten auf mich wie *„Philister des Universums"* gewirkt haben. Aber ohne diese ihre pflichtbewußte Philistrosität wäre ihr Unternehmen, das ja auch das unsere ist, gescheitert. Gewiß haben sie vieles, was wir, wären wir an ihrer Stelle durch den Weltraum gesaust, aufs intensivste „erlebt" hätten, versäumt. Aber pflichtgemäß und gottseidank versäumt. *Denn „erleben" ist immer der Luxus der Nichtbeteiligten.*

§ 29. Sohnesliebe im Universum

Bekanntlich hat Lovell von irgendeinem nicht markierbaren Punkte zwischen Himmel und Erde (sofern man bei der Geschwindigkeit seines Vehikels von „Punkten" überhaupt sprechen darf) seiner in Florida lebenden Mutter zu deren 73. Geburtstag mit einem „happy birthday to you" gratuliert. Es fehlt nur noch, daß er aus seiner Kapsel eine Geburtstagstorte hinuntergefunkt hat. Ich weiß nicht, was uns atemloser machen soll: ob die Möglichkeit, daß er aus einer solchen Distanz einem geliebten Menschen seine Liebe habe beteuern können, oder die Absurdität, daß er seine Sohnesliebe in einen computer-gesteuerten Mechanismus hat miteinprogrammieren lassen können. Aber gemeint war diese, natürlich bis auf das letzte Wort schon im voraus programmierte, Aktion nicht als atemberaubender Thriller, nicht als Sensationsgeschichte, sondern als eine „human-interest story", als eine jener neckisch-rührenden Geschichten, deren Funktion darin besteht, solchen Objekten oder Situationen, die allem Menschlichen bereits endgültig entrückt sind, doch noch den Reiz des Menschlichen zu verleihen.

Natürlich ist damit nichts gegen die Liebe Lovells zu seiner Mutter gesagt, an dieser zu zweifeln haben wir keine Ursache. Da aber diese Liebe umfunktioniert worden ist, nämlich in ein öffentliches Ereignis, an dem teilzunehmen wir alle eingeladen waren, muß sie sich auch öffentliche Kritik gefallen lassen. Nicht anders als alle anderen Stücke unseres nur noch aus Mitteln bestehenden Universums ist hier nun auch die Sohnesliebe in ein Mittel verwandelt worden, und zwar in eines, das beweisen soll, daß die Technik, wie enorm oder monströs sie auch sei oder auch werden werde, immer noch für das, worauf es ankomme, nämlich für das Menschliche, Platz lasse. Wo immer Menschliches aus diesem Grunde eingesetzt wird, nimmt es sofort die Fehlfarbe des „Sentimentalen" an. Und als solches tritt es auch hier auf.

§ 30. Die Unartikulierten

Sprache verrät alles. Damit meine ich nicht nur, daß Mediokre medioker Erlebtes nur medioker formulieren können, sondern ebenso, daß Mediokre dasjenige, was sie medioker benannt haben, nun nicht mehr anders als medioker erleben können. – Es ist wahrhaftig kein Zufall, daß die Piloten (oder wer immer für die Taufe der Apparatestücke von Apollo 10 verantwortlich war) die Kapsel und deren Landestück, den „spider", nach Cartoon-Figuren benannt haben: die Kapsel nach dem allen amerikanischen Cartoon-Lesern, also allen Amerikanern, bekannten „negativen Helden" Charly Brown. Und den „spider" nach dessen Hündchen Snoopy. Wie überoptimistisch war doch meine in der ‚Antiquiertheit des Menschen' vertretene These gewesen, daß die heutige Welt bereits weitgehend zur Abbildung ihrer Abbildungen werde. Schöne Zeiten waren das noch gewesen! Denn heute degeneriert die Welt bereits zur Abbildung ihrer Cartoons.

Ein anderes Beispiel: Als es zum ersten Male gelungen war, nach der Rotation um die dunkle Seite des Mondes wieder die helle zu erreichen, da hatte einer der Drei kein besseres Wort dafür gefunden als das: „Es gibt halt doch einen Weihnachtsmann"; ein anderer faßte den Eindruck, den die Mondumkreisung auf ihn gemacht hatte, in die wahrhaft unsterblichen geflügelten Worte zusammen: „A rather nice trip", „eine ganz nette Fahrt".

Man wird einwenden, die Ärmlichkeit dieser Redensarten zu kritisieren sei ungerecht, diese beweise nicht die Ärmlichkeit von Erlebnissen; die genannten Kosmonauten hätten vermutlich sehr viel mehr und sehr viel tiefer erlebt als das, was ihre neckische Weihnachtsmannbemerkung oder die Bemerkung über die nette Fahrt vermuten lassen; nur sprachlich seien sie sich selbst eben nicht gewachsen gewesen. – Aber genau das ist es, was ich bezweifle. Denn Sprache ist keine Nachzüglerin der Erfahrung oder der Erlebnisse. Daß Tiefe und Niveau des Formulierenkönnens von Tiefe und Niveau des Erlebens abhängen, das scheint mir ganz unwahrscheinlich; umgekehrt gilt, daß Tiefe und Niveau des Erlebenkönnens davon abhängen, wie artikuliert man formulieren kann.

Ebensowenig wende man ein, die Feststellungen der Kosmonauten seien einfach typisch amerikanische „Understatements", „Untertreibungen". – Möglich. Aber auch damit ist nichts bewiesen. Denn Understatements verdanken ihre Entstehung durchaus nicht immer dem Wunsche, Pathos zu vermeiden, sondern mindestens ebenso häufig der Unfähigkeit, den der Sache angemessenen Pathos-Ton zu finden; nein sogar der Unfähigkeit, das Pathetische zu erleben.

Wiederholt habe ich darauf aufmerksam gemacht, daß Menschen, wie zum Beispiel Claude Eatherly, die in Unternehmungen hineingeraten, deren Ausmaß für sie unübersehbar bleibt, zumeist „nicht wissen, was sie tun". Ferner darauf, daß die Initiatoren solcher Großunternehmen dieses Nichtwissen der Beteiligten fördern und daß sie die Störung dieses Nichtwissens zu unterbinden versuchen. Was vom Wissen gilt, das gilt gewiß auch vom Fühlen. Ich halte es für höchst wahrscheinlich, und die zitierten Äußerungen bestärken mich in dieser Annahme, daß die in die Weltraum-Unternehmungen Verstrickten nicht nur nicht wissen was sie erleben, sondern daß sie wirklich nichts erleben, beziehungsweise daß ihre Erlebnisse dem Enormen, was sie „erleben", nicht entspricht.

Das alles besagt freilich nicht – auch darauf hatten wir bereits hingewiesen – daß mangelhafte Sprache und mangelhaftes Erleben unter allen Umständen wirklich Mängel sein müssen. Es kommt auf den Maßstab an. Durchaus denkbar, daß die drei

Astronauten ihr ungeheueres Abenteuer allein deshalb so erfolgreich haben bestehen können, weil sie eben *nicht* als atemlose Genießer oder als subtile Formulierer durchs All geflogen sind, sondern als aufs äußerste konzentrierte Gerätebediener. Und gewiß wären sie niemals fähig gewesen, erfolgreich zu uns zurückzukehren, wenn sie all das, was sie auf ihrer Fahrt erfuhren und erlebten, wirklich in angemessene Worte übersetzt und vermittels dieser Worte bis ins Letzte hinein durcherlebt hätten.

§ 31. Die Rückkehr der verlorenen Söhne

Was ist das erste Bedürfnis des Rückkehrers vom Monde? Was hält er für unaufschiebbar? Womit beginnt er noch an Bord des Hubschraubers, um sich wieder als Mensch zu fühlen? Was hat er, noch ehe er das Deck des Flugzeugträgers betreten hat, bereits erledigt?

Hat er zurückgeblickt, hinauf zum Mond, von dem er heil heruntergestiegen?

Hat er um sich geblickt, um wieder einen tröstlich endlichen Horizont um sich zu sehen?

Hat er hinunter geblickt, um zu genießen, daß es nun wieder einen Unterschied gibt zwischen oben und unten?

Nichts dergleichen. Sondern?

In einen *Spiegel* hat er geblickt. Jawohl, bereits im Hubschrauber, also noch ehe er an Bord des Mutterschiffes, das ihn nachhause bringen soll, gelandet war. In einen Spiegel. Zwar nicht als Narzißt. Aber doch, um sich, jawohl dort bereits, zu rasieren.

Daß er noch schwebend, im Unendlichen schwebend, den Erdball als etwas Unerhebliches erlebt hat, das hat er bereits vergessen. Die Horizontlosigkeit, durch die er eben noch gesaust war, die liegt bereits hinter ihm. Er ist wieder der Alte, er ist wieder Ptolemäer. Was zählt, ist allein, sich vor denen sehen lassen zu können, deren Dasein ihm noch eben, aus der Mondperspektive, unsichtbar, unwahrscheinlich, kosmisch überflüssig erschienen war. Auch wer vom Mond kommt, darf keinen Stoppelbart tragen, der erste Griff des Rückkehrers ist der nach dem elektrischen Rasierapparat gewesen. Von neuem ist es ihm selbstverständlich, daß „etwas gelten" nur bedeuten kann: „auf der Erde etwas gelten", und daß Ruhm immer nur so groß sein kann, wie er zuhause ist, auch wenn dieses Zuhause, auch wenn der Erdball als ganzer, nirgendwo berühmt sein sollte. Die Tatsache, daß sie ihren Ruhm allein deshalb einheimsen, weil sie fähig gewesen, oder fähig gemacht worden waren, den dörflichen Bereich ihrer Erde zu verlassen, das stimmt die Drei nicht nachdenklich. Die Erde hat sie wieder, die Beschränktheit hat sie wieder. Und mit Pauken und Trompeten feiert das „Erde" genannte Dorf die Rückkehr der aus der Großstadt des Universums zurückkehrenden verlorenen Söhne.

II

Die Selbstbegegnung der Erde

Man schätzt, daß eine halbe Milliarde Menschen, also fünfhundert Millionen, gleichzeitig eines und dasselbe durchgemacht, nämlich gleichzeitig Glanz und Misere des Irdischen angesehen haben. Den Glanz: da sie, obwohl zuhause im Fauteuil sitzend, den Erdball, der diese Fauteuils trägt, so haben sehen können als wenn sie selbst etwa vierhunderttausend Kilometer außerhalb dieses Erdballs geschwebt hätten. – Und die Misere: da sie ihre Erde als eine unter anderen haben erkennen müssen, also als etwas kosmisch Belangloses. Wenn man, was man wohl in einem mehr als metaphorischen Sinne tun darf, die fünfhundert Millionen Zuschauer zusammen als „die Augen der Erde" bezeichnet, dann darf man sagen, daß die Erde Augenzeugin und Zeitgenössin ihres größten Glanzes und ihrer größten Misere gewesen ist. Und daß ihr Glanz darin bestanden habe, daß sie ihre Misere mit eigenen Augen habe erkennen können.

§ 32. Good Earth

Das große Erlebnis auf dieser Mondfahrt war nicht das Ziel, sondern der Ausgangspunkt; nicht das Unbekannte, sondern das Bekannte; nicht das Fremde, sondern das Verfremdete; nicht der Mond, sondern die Erde. Es ist wahrhaftig kein Zufall, daß einem der, sonst vermutlich nicht zur Poesie aufgelegten, Raumschiffer, als er saphirblau im schwarzen Himmel die Erde wie eine ungeheure Nachbildung eines Schulglobus über dem Horizont des Mondes aufgehen sah, der Ausdruck *„Good earth"*, „gute Erde", auf die Zunge sprang. „Good". Man horche in dieses Wort hinein. Der die Erde in diesem Augenblick so nannte, der tat das nicht nur aus Bewunderung, nicht nur deshalb, weil er davon überwältigt war, wie „gut" sie in seinen Augen aussah. Das vielleicht auch. Aber in erster Linie doch wohl aus Angst, und sogar, weil er erschreckt war. Angst hatte er wie das von der Mutterbrust gerissene Kind, das nicht so gewiß ist, ob es zu der so weit entfernten Mutter zurückfinden werde, und ob diese ihm noch weiterhin „gut“ sei; und erschreckt war er, weil er die „gute“, wie herrlich immer sie aussehen mochte, doch eigentlich gar nicht wiedererkennen konnte. Wenn er sie „gut“ nannte, so war das also vor allem eine Bitte, geradezu ein Beschwörung: „*Sei* doch so gut!“ meinte er. „*Werde* doch wieder our good old earth!“

§ 33. Selbstbegegnung

Nicht nur *sie* sind ihr begegnet. Auch *wir* haben das miterlebt. Und da wir ja auf der Erde zurückgeblieben waren und als Irdische die Erde ja auch *sind*, dürfen wir ruhig behaupten: zum ersten Male ist es geschehen – und das ist ein geschichtliches Ereignis völlig neuer Art – daß die Erde, vor einem Spiegel stehend, *reflexiv* wurde, daß sie zum Selbstbewußtsein erwachte, mindestens zur Selbstwahrnehmung. Da sie sich von außen sah, als Objekt, also so, wie sie weit von ihr entfernten Wesen erscheinen würde, war diese erste Selbstwahrnehmung mit totaler Befremdlichkeit des Wahrgenommenen verbunden. Was ihr als „sie selbst“ vor Augen hing, unterschied sich von ihr selber so, wie sich das „Mich“ vom „Ich“ unterscheidet, von dem Ich, das zum ersten Male mit sich selbst konfrontiert ist. „*Ich* soll das sein?“

In der Tat konnten die Photos der nie zuvor aus solcher Nähe gesehenen Mondkugel mit den Bildern unserer nie zuvor aus solcher Ferne gesehenen und dadurch aufs abenteuerlichste verfremdeten und wahrgemachten Erdkugel keinen Augenblick lang konkurrieren. Die lunare Landschaft schien uns beinahe vertraut, sie sah aus wie eine der Wüsten- und Felslandschaften, die wir auch auf der Erde schon gesehen hatten. Nicht zufällig erklärte Kosmonaut Lovell, die Gegend gleiche der, zwar vielleicht bizarren, aber uns doch nicht ungeläufigen Landschaft von Texas. Dagegen war unsere von niemandem gestützte und vereinsamt in der unermeßlichen Schwärze des Himmels hängende Erde so ungewöhnlich, so ungewöhnlich schön und so ungewöhnlich trostlos wie nichts, was wir früher auf Erden gesehen hatten, und auch in der Erinnerung ist sie etwas auf atemberaubende Weise Unbekanntes. Und das wird sie wohl bleiben.

§ 34. Gegen die Einbahnstraße – das technologische Postulat

Der Tatsache, daß der Blick vom Mond auf die Erde uns tiefer beeindruckt, und daß er philosophisch ertragreicher ist als der Blick von der Erde auf den Mond, dieser Tatsache entspricht, ohne daß sich ein unmittelbarer Zusammenhang zwischen den zwei Tatsachen behaupten ließe, daß uns auch die geglückte Rückkehr vom Monde ungleich großartiger zu sein schien als der geglückte Vorstoß in die Tiefe des Weltraums oder als die Ankunft auf dem Monde. Tatsächlich ist ja der kritischste Moment der Reise nicht der des Abschusses, auch nicht der des Einschwenkens in die Mondumzirkelung, auch nicht derjenige, in dem es, wie Lovell, gelingt, das Gravitationsfeld des Mondes wieder zu verlassen. Vielmehr hat der Astronaut noch eine letzte, höchst kritische Aufgabe zu erfüllen: sich nämlich in eine im Verhältnis zu der von ihm bereits durchmessenen Strecke unvorstellbar enge korridorartige Bahn hineinzuschießen und diese Bahn zu durchlaufen. Glückt ihm das nicht, verfehlt er den Winkel, dann wird sein Vehikel bekanntlich entweder billardkugelartig an der „Schale" der Atmosphäre abprallen und von dieser ins Nichts des leeren Raumes zurückgeworfen werden; oder es wird selbst zu nichts werden: nämlich durch die Reibung an der Atmosphäre verglühen. Unsinnig also zu glauben, dem Raumfahrer stehe, im Unterschied zu dem an seine Straße und Straßenseite gebundenen Autofahrer, der unendliche Raum ad libitum zur Verfügung. Wahr ist vielmehr, daß auch er an die genaueste Einhaltung von Straßen gebunden ist, und sogar von Straßen, die, im Unterschiede zu Autostraßen, unsichtbar bleiben; und daß er, wenn er diese verfehlt, ein verlorener Mann ist.

Ich könnte es mir vorstellen, daß diese unsägliche Schwierigkeit und Gefahr der Rückkehr in der Geschichte der Technik, damit in der Geschichte der Menschheit einmal beispielhafte Bedeutung annehmen wird. Denn was wir hier beobachten: daß die Rückkehr ins Menschliche immer schwieriger wird und immer komplizierter, je weiter wir die Grenze des Menschlichen, proportionem humanam, überschreiten, diese Beobachtung scheint eine Regel zu sein, die in der wissenschaftlichen Forschung und in der Technik überhaupt gilt. Wir können wohl von einer *umgekehrten Proportion zwischen dem Steigen der Leistung und dem Sinken der Rückkehrchance* sprechen. Diese umgekehrte Proportion läßt sich tausendfach belegen, am eindrucksvollsten wohl durch die verhängnisvolle Unfähigkeit der seit 25 Jahren der Selbstvernichtung fähigen Menschheit, wieder zur Ausgangsbasis zurückzukehren, nämlich in denjenigen Zustand, in dem ihr Fortbestand verbürgt gewesen war. Tatsächlich handelt es sich in diesem Falle, obwohl der Ausdruck „Rückkehr“ hier einen bildlichen Sinn hat, um das gleiche und gleich gefährliche Problem wie im Falle der unmetaphorischen Rückkehr aus dem Weltraum oder vom Monde. Nur daß wir die Feststellung, die wir aufatmend nach der Rückkehr von Apollo 9 machen durften: daß die Heimfahrt genau so präzise kalkuliert war wie der Start und die Fahrt selbst, und tatsächlich mit der gleichen Perfektion gelungen ist, nicht generalisieren dürfen. Umgekehrt gilt, daß, was in dem Spezialfall der Heimkehr der Kosmonauten geglückt ist, bei den meisten unserer Unternehmungen mißglückt, daß wir sie nur einbahnartig, nur vorwärtsblickend, durchzuführen imstande sind, dagegen unfähig bleiben, während unserer Fahrt zurückzublicken, um zu überprüfen, ob wir auf der von uns eroberten Strecke auch wieder heimkehren können. Darin besteht die Misere unserer sonst so glanzvollen Technik. Sieht man die heutige Technik im ganzen als ein einziges und abenteuerliches Unternehmen an, vermöge menschlicher Kraft und Ingeniosität in eine alles Menschenmaß übersteigende Dimension aufzusteigen, dann darf man von diesem Unternehmen wohl behaupten, daß ihr die Rückkehr-Chance endgültig mißlungen ist. Wenn „mißlungen“ der rechte Ausdruck ist. Denn dieser unterstellt ja, daß das Ziel anvisiert und der Versuch gemacht werde. Was nicht der Fall ist. Tatsächlich ist es denen, in deren Händen der Fortschritt der Technik liegt (sofern diese bei der Automatik der Entwicklung der Technik als Einzelne noch dingfest gemacht werden können) garnicht bewußt, daß von „Fortschritt“ allein dann die Rede sein kann, wenn jedem Schritt nach vorne ein Schritt der Rehumanisierung korrespondiert.[1]

Aber gibt es auch keine patentierte Gegenbewegung für die Technik als ganze, deren Fortschritt natürlich weder abgedrosselt werden kann, noch (wenn diese Möglichkeit bestünde) abgedrosselt werden dürfte – in jedem einzelnen Fall müßte das moralische Gebot, richtiger: das moralische Verbot gelten, Erfindungen auszuprobieren, solange sich diese nur auf „Einbahnstraßen“ abspielen, solange die Möglichkeit der Rückkehr, gewissermaßen die Gegenfahrbahn, nicht miterfunden ist. Möglich, daß dieses Verbot ein frommer Wunsch ist, nämlich dem Wesen des technischen „Fortschritts“ widerspricht, und daß „Fortschritt“ ohne Einkalkulierung der Uneinkalkulierbarkeit des Risikos nicht verwirklicht werden kann. Um so schlimmer. Denn dann gilt, oder richtiger: deshalb gilt, daß, wo (wie z. B. bei der heutigen Waffenherstellung) Methoden der Revozierung nicht mitvorbereitet werden, sondern nur Methoden der angeblich „abschreckenden“ Steigerung, die Katastrophe täglich eintreten kann. Mindestens als „regulatives Prinzip“ dürfen wir das Postulat keinen Moment lang aus den Augen verlieren.

§ 35. Die Umwege

Kein Reflexionsweg ist je so umwegig gewesen wie der, den wir Irdische hatten erfinden müssen, um die Selbstbegegnung, nämlich die Begegnung von uns Irdischen mit dem Bild der Erde, zu ermöglichen. Gelungen ist diese allein deshalb, weil wir imstande waren, eine Zickzack-Straße anzulegen, die, im Himmel beginnend, zur Erde zurückführte, von dieser abermals in den Himmel sprang, um aus diesem abermals zur Erde zurückzuspringen. Was meine ich?

[1] Der heute übliche Terminus für das Mißlingen dieser Korrespondenz heißt „Entfremdung“ – ein Zustand, der durchaus nicht, wie Vulgärmarxisten behaupten, durch die, gewiß unerläßliche, Vergesellschaftung der Produktionsmittel „aufgehoben“ sein wird.

Daß die drei Astronauten uns das, was sie sahen: nämlich unsere Erde, nicht direkt haben zuschicken können. Und nicht nur, um bei uns (die wir ja nicht als die ersten und wichtigsten Adressaten gemeint waren) anzukommen, mußten sie einen Umweg machen, zuweilen sogar, um ihr „Mission Control Center" in Houston, dem die Bilder ja an erster Stelle zugedacht waren, zu erreichen. So wurde zum Beispiel die heute bereits berühmte Erd-Aufnahme vom 23. Dezember 68 statt von einem Empfangsgerät in Houston von einer ungleich größeren Antenne in Kalifornien empfangen, und erst von dort aus weiterspediert. Andere Aufnahmen der Erde waren zuerst in Camberra, also in Südaustralien, eingetroffen.[1] Die armen Bilder, die nach der ungeheuren Rückreise aus dem „All" zur Erde gewiß ein Anrecht darauf gehabt hätten, endlich Ruhe zu finden, die mußten es sich, um nicht nur irgendwo, sondern eben in Houston, wo sie gewissermaßen zuständig waren, anzulangen, gefallen lassen, noch einmal in den Himmel zurückspediert zu werden, zwar nicht die ganze Strecke bis hinauf zum Mond, aber doch immerhin zu einem mehr als 25 000 Kilometer entfernten Punkte, zu einem dort oben bereitschwebenden Satelliten nämlich; um nun mit dessen Hilfe jene Rundung der Erde, die sie selbst so unvergeßlich schön abbildeten, die ihnen aber aufs widerwärtigste im Wege stand, zu „überrunden" und Houston wirklich zu erreichen; wo allerdings ihre Reise auch noch nicht zu Ende war, da ja das Bild auch für uns bestimmt war, auch noch zu uns kommen sollte – was abermals nur durch einen Sprung in außerirdische Höhen, also durch abermalige Inanspruchnahme eines Satelliten möglich war. Kurz: Damit wir Irdischen das Bild unserer Erde zu sehen bekamen, mußte dieses vom Himmel zur Erde, von dieser wieder in den Himmel, von diesem wieder zur Erde, von dieser wiederum in den Himmel und aus diesem wiederum zur Erde zurückmanövriert werden. Dieses kosmische Billardspiel war erforderlich, damit wir Irdischen erfuhren, wie unser Planet aussehen würde, wenn wir uns nicht auf ihm befänden, sondern außerhalb seiner.

[1] Die USA verfügen momentan, abgesehen von Schiffen, Satelliten etc., über etwa 90 Stationen teils innerhalb, teils außerhalb ihrer.

Nicht genug, daß wir, die wir nicht dabei sind, gewissermaßen mit den Augen der Kosmonauten dasjenige sehen, was sie sehen; und daß wir sie in ihrer Kapsel bei ihrer Arbeit wahrnehmen können, also auch Szenen beobachten können, die sie, als deren Akteure, nicht beobachten – nein, was ich da soeben niedergeschrieben, das trifft ja nicht zu, da auch sie ja dort oben Fernseher sind wie wir hier unten, also über Apparate verfügen, mit deren Hilfe sie sich selbst so sehen können, wie wir sie sehen. Sich selbst sehen sie also im Spiegel, allerdings kommt das Spiegelbild auf die absurdeste Weise zustande, da ihr Bild ja erst einmal nach unten reisen muß, zu uns, zur Erde, um von dieser zu ihnen hinauf zurückgeworfen zu werden. Gleichviel, nicht nur gilt, daß wir, die abwesenden Millionen hier unten, an ihren Erlebnissen dort oben teilnehmen; sondern ebenfalls, daß sie, die anwesenden Akteure, dort oben sich so sehen können, als wären sie nur irgendwelche abwesenden Zuschauer hier unten auf der Erde. *Sie können* also *an unserer Nichtteilnahme teilnehmen*. Mehr kann man nicht verlangen. Diese Komplikation der Selbstbegegnung ist tatsächlich so abenteuerlich, daß neben ihr die raffiniertesten Reflexionen und Reflexions-Iterationen, etwa die aus der Fichteschen „Wissenschaftslehre" oder die aus Husserls Phänomenologie, einfach kindlich wirken.

§ 36. Die Premieren

Die Behauptung, daß wir nun, nachdem wir die Erde im All schweben gesehen hätten, wüßten, wie diese „aussehe", ist, erkenntnistheoretisch gesehen, Unsinn. Die Erde „sieht" nicht „aus". Ehe wir sie gesehen haben, hat sie nicht nur nicht so ausgesehen, wie wir sie nun gesehen haben, sondern überhaupt kein Aussehen gehabt. Das klingt mißverständlich, so als verträte ich die extrem „idealistische" Gleichung von „esse" und „percipi", also die These, daß die Erde, solange sie nicht von uns wahrgenommen worden sei, auch nicht gewesen sei. Nichts dergleichen. Wohl behaupte ich aber, daß dasjenige, was wir auf unbestimmte Weise dem Objekt zuschanzen, also als etwas „Objektives" unterstellen, nämlich ihr „Aussehen", nicht existiert habe, ehe sie nicht als „aussehende" für unsere Augen Existenz gewann.

Die Premiere, die, als wir die Erde erblickten, stattfand, war also nicht nur (weil wir sie zuvor nie gesehen hatten) eine Premiere für uns, sondern in gewissem Sinne auch für sie, da sie eben nie zuvor „ausgesehen" hatte. Allerdings hat sie von dieser ihrer Premiere nichts gemerkt. Es sei denn, wir argumentierten – was nicht nur Phantasterei wäre – daß wir, obwohl nicht „die Erde", so doch unzweifelhaft Irdische, also Teile der Erde seien, gewissermaßen deren Augen. So gesehen, ist es tatsächlich rechtmäßig, zu behaupten, daß die Erde, eben durch die Teilnahme von uns Irdischen, an ihrer Premiere teilgenommen habe.

Gleichviel, und das ist der Punkt, auf den es hier ankommt, ehe wir und unsere Apparate das Aussehen der Erde feststellten und festhielten, hatte es dieses Aussehen nicht gegeben. Der immer wieder gehörte Ausruf: „Nun wissen wir also, wie die Erde seit Jahrmillionen vom Monde aus ausgesehen hatte!" ist blanker Unsinn.

§ 37. Wir können vom Absehen absehen

Die Tatsache, daß wir, obwohl noch an der Oberfläche der Erde klebend, diese doch als etwas von uns Verschiedenes und von uns Entferntes, als etwas nicht hier Seiendes, sondern als einen dort seienden Fremdkörper wahrnehmen können, diese Tatsache versetzt uns nicht nur einen bisher unbekannten Schock, sie macht auch Epoche in der Geschichte des menschlichen Denkens. Denn um unsere Heimaterde als ein Himmelsobjekt unter anderen Himmelsobjekten zu verstehen, dazu hatten wir es ja bis eben nötig gehabt, von unserer Wahrnehmung abzusehen, die Augen zu schließen, einen Akt der Abstraktion durchzuführen. Das brauchen wir nun nicht mehr. Was das vom Wahrnehmen absehende Denken geleistet hatte, das ist dem Denken nun abgenommen und wird nun vom Wahrnehmen selbst geleistet. Da wir den Tatbestand, den wir früher nur hatten denken können, nun wahrnehmen können, können wir vom Absehen absehen. *Die Abstraktionsbildung bleibt uns erspart, wir selbst haben sie uns abgenommen.* Trotz der Tatsache, daß wir uns auch heute noch genauso wie gestern auf unserem Globus befinden, haben wir uns nun zu dessen Wahrnehmern gemacht, mit eigenen Augen sehen wir ihn nun als entferntes Gestirn. Und dieses äußerste Abenteuer kostet keinen Tropfen Schweiß, erfordert keine Spur von Intelligenz, der Abstraktions-Unbegabteste unter uns kann nun, vor dem Fernsehschirm sitzend, die Erde, auf der er sich befindet, in ihrer Verfremdung (oder richtiger: in ihrem wahren astronomischen Zustande) beobachten. Und wer Lust darauf hat, sie als ein Konsumgut zu verwenden, der kann sie auch genießen, genauso wie jeden anderen von jenen Genußartikeln, mit denen wir pausenlos berieselt werden.

III

Kollektivphallus-Kult

§ 38. Probleme der „Streuung"

Man braucht kein Psychoanalytiker zu sein, um zu erkennen, daß der „paranoiahafte" Enthusiasmus,[1] den Millionen von Amerikanern den Raketen und den Weltraumfahrten, namentlich denjenigen, die auf die Erreichung des Mondes abzielen, entgegenbringen, psychoanalytische Deutung erlaubt, nein erfordert. Was dem Theoretiker schwerfällt, ist hier nicht, Sexualanalogien glaubhaft zu finden, sondern diese zu bestreiten. Daß die Raketen wie gigantische Phallusse aussehen, ist unleugbar – die Zeppeline, die in der Frühzeit der Psychoanalyse als Symbole eine gewaltige Rolle gespielt hatten, haben würdige und zeitgemäße Nachfolger gefunden. Ebenso unleugbar ist es, daß das vertikale Aufsteigen der Raketen erektionshaft aussieht,[2] nicht minder, daß die Ablösung der mit Männlein besetzten Kapseln wie riesige Abbildungen von Ejakulationen wirkt. Und nahe liegt es schließlich, in der Landung auf dem Monde eine „Eroberung jungfräulichen Bodens" zu sehen.[3] Diese Kette von Vorgängen enthält tatsächlich kein einziges Stück, das nicht als

[1] So die sonst im Tone reservierte ‚New York Times'.

[2] „Jetzt ist sie plötzlich kein lebloser, toter Koloß mehr", heißt es im Wiener ‚Kurier' vom 17. 7. 69 über den Abschuß der Apollo 11-Rakete, „jetzt ist sie ein Lebewesen, das geweckt wurde und seine gewaltige Kraft zeigt ..."

[3] Die Identifizierung von Frau und Mond zeigt sich nirgends deutlicher als in der griechischen Mythologie: Daß die Frau, deren Raub angeblich den Trojanischen Krieg ausgelöst hat, Helena, d. h. Mond hieß, ist natürlich kein Zufall. – Die Wiener ‚Presse' berichtete am 21. 7. 69 über die erste Landung unter dem Titel ‚Der Mond verlor den Schleier'.

Entsprechung zu etwas Geschlechtlichem erlebt würde, mindestens erlebt werden kann.

Die Überschrift dieses Kapitels lautet: ‚Kollektivphallus-Kult'. Wenn flüchtig gelesen, kann dieser Titel dahin verstanden werden, daß hier die Existenz eines kollektiv gefeierten Phallus-Kults konstatiert werden solle. Das wäre ein Mißverständnis. Wenn ich behaupte, daß es Millionen von Augenzeugen gebe, die die Raumflüge als Sexualereignisse verstehen, so meine ich nicht, daß diese Millionen in einem gemeinsamen Rausch ein dionysisches Ritual feiern. Kollektiv ist hier nicht das Kultgeschehen, sondern dessen Gegenstand. Der Kult selbst bleibt *„gestreut"*.[1] Was heißt das?

Etwas, was für jede heutige Massenbelieferung des Massenpublikums gilt. Zum Wesen dieser pausenlos stattfindenden Belieferung gehört es ja durchaus nicht, daß die Millionen von Empfängern zusammenströmen, in Arenen oder riesigen Sälen, um nun als massive Masse die ihnen gebotenen Waren zu konsumieren. „Conventions" im Sinne von wirklich physischem Zusammenkommen sind zum Zwecke der Verbreitung von „Konventionellem" nicht nur nicht mehr nötig, im Gegenteil: das widerspräche den Interessen der Produzenten und Lieferanten. Und das nicht nur deshalb, weil sich Massenansammlungen leicht der Kontrolle entziehen, also riskant werden könnten, sondern vor allem deshalb, weil wirklich massenhafte Produktion allein dann stattfinden kann und gesichert bleibt, wenn für jeden Gebraucher ein Extra-Exemplar hergestellt wird, wenn dafür gesorgt wird, daß sich der Konsum so individuell und so isoliert wie möglich abspiele – und dieses Prinzip nenne ich das der „Streuung". Je besser solche „Streuung" gelingt, um so größer kann die Auflagenhöhe des Massenartikels werden. Der Gedanke, daß jede Kopie ihrer Zeitungen von zehn Lesern gemeinsam oder hintereinander gelesen werden könnte, wäre für die „Springers" ein Alptraum; was diese sich wünschen, ist

[1] Siehe d. V. ‚Die Antiquiertheit des Menschen' S. 101 ff., wo, was nun schon seit Jahren als „lonely crowd" zitiert wird, längst vorformuliert war; und ‚Der sanfte Terror', Merkur Januar 64, S. 348.

vielmehr stets, daß jedermann seine eigene (freilich mit den anderen Kopien identische) Kopie kaufe und sich mit dieser – suum cuique – in seinen Winkel zurückziehe. Aus diesem Grund plädieren die Könige der Massenindustrien in so ergreifendem Tone und mit so unbeirrbarer Leidenschaft für *„den"* Menschen und für das Recht jedes Individuums auf seine (freilich nur numerische) Individualität.

Und diese Regel gilt allgemein. Jede Ware soll, damit ihr Massencharakter verbürgt bleibe, in Situationen genossen werden, deren private (bzw. pseudo-private) Atmosphäre ihren (der Ware) Massencharakter Lügen straft (bzw. Lügen zu strafen scheint). Auch wenn den unzähligen Kunden nur eine einzige, ein und dieselbe, Speise geboten wird, der Konsum findet dennoch solistisch, im schlimmsten Falle en famille statt. Tatsächlich denkt keiner dieser Millionen während seines Konsumierens daran, daß andere Zuschauer, geschweige denn Millionen von anderen im selben Augenblicke dasselbe (z. B. die Überschwemmung in Thailand oder den Buschbrand in Australien oder den Einzug von Tanks in Prag oder die wasserwerfenden Polizisten in Berlin oder die amerikanischen Brandstifter in Vietnam) anstarren; und wenn diese Millionen von einzelnen Konsumenten das auch wissen – denn das nicht zu wissen, ist schließlich unmöglich – mindestens hat keiner von ihnen während seines Konsumierens Interesse für die anderen. Zusammen gleichen sie einer Menge von blinden und taubstummen Essern, die in einem immensen Volksspeisehaus, ohne einander zu bemerken, ein und dasselbe Gericht löffeln. Aufs großartigste hat der Karikaturist Sempé diese Situation in einer Zeichnung der „Lonely Crowd" während der Mondlandung (im Pariser Express vom 22. Juli) getroffen. Diese Zeichnung stellt das Felsgebirge der New Yorker Wolkenkratzer dar, silbrig übergossen von dem an diesem „historischen Abend" legitimerweise unnatürlich großen Monde. Durch jedes der zahllosen Wolkenkratzer-Fenster erkennt man, wenn man genau hinschaut, jeweils ein einzelnes winziges Männchen vor seinem winzigen TV-Schirm, tausend solcher Männchen, die einander restlos gleichen, und die, obwohl sie völlig gleiche Bilder, nein ein und dasselbe Bild konsumieren, voneinander nicht die mindeste Notiz nehmen, nein, so könnte man meinen, die nichts davon ahnen, daß in diesem Augenblick Millionen ihresgleichen, die sich von ihnen lediglich numerisch unterscheiden, über ihnen, unter ihnen, vor ihnen, hinter ihnen, rechts von ihnen und links von ihnen ebenfalls vor dem TV sitzen (sofern es in diesem Augenblick überhaupt Menschen gibt, die das nicht tun).

Nun, auffällig und philosophisch interessant wird dieses seit langem schon alltägliche Phänomen der „getrennten Lieferung" und des „solistischen Konsums" identischer Produkte (namentlich identischer Bilder) erst dann, wenn die gelieferten Bilder nichts Beliebiges abbilden, nicht Buschbrände oder Wasserwerfer oder Musicals, sondern Gegenstände bzw. Ereignisse, die *eigentlich der Gestreutheit der Lieferung und der Solistik des Konsums widersprechen*, und zwar deshalb widersprechen, weil sie ihrem Wesen nach Kollektiv-Gegenstände sind; – dann, wenn die Objekte, die jedem isolierten Konsumenten einzeln ins Haus geliefert, und von jedem auch solistisch empfangen und konsumiert werden, z. B. in Symbolen des Nationalismus oder in Appellen zum Nationalstolz bestehen. Und das ist nun hier, bei den als TV-Bilder ins Haus gelieferten Raketen der Fall.[1] Die privat vor ihren Schirmen sitzenden TV-Zuschauer erkennen und begrüßen nämlich in den Raketen *kollektive Phalli*. Was sie sehen, ist nicht nur die auf jedem Schirm identische Rakete, vielmehr sieht jeder in ihr *„unsere Rakete"*. Was verschiedenes bedeuten kann. Für auf ihr Land stolze Amerikaner zum Beispiel *unseren Nationalphallus;* oder, für stolze Mitglieder der sogenannten „freien Welt": den *„Phallus des Abendlandes";* oder vielleicht sogar: denjenigen Phallus, der dazu ver-

[1] Noch vor 30 Jahren hatte es die NS-Führungselite für unerläßlich gehalten, Hunderttausende wirklich zusammenzubringen, um in diesen das Gefühl der kompakten Zusammengehörigkeit zu erzeugen. Auch damals schon wurde freilich das Solidaritätsgefühl mehr durch Abbildungen der Aufmärsche erzeugt als durch diese selbst, da ja an diesen immer nur ein winziger Bruchteil derer, die sich als zusammengeschweißte „Volksgemeinschaft" fühlen sollten, teilnehmen konnte. – Außerdem gab es ja auch damals schon den Rundfunk, und damit die Möglichkeit, mindestens akustisch Abermillionen an einem und dem-

pflichtet ist, die *Konkurrenzphalli* Sowjetrußlands, vielleicht, wer weiß, auch Chinas, unter allen Umständen hinter sich zu lassen. Oder, für Weltbürger, vielleicht schließlich den *„Phallus der Erde"*.

Diese Sexualsymbolik der Rakete scheint zwar, einfach auf Grund der Formähnlichkeit zwischen dem Organ und dem Riesengerät, unmittelbar einsichtig. Aber warum diese enthusiastische Identifizierung?

Das *Alibi:* Vermutlich geben die Raketen Knaben und Männern eine Chance der ungeniertesten Sexualprotzerei, der Protzerei mit dem Kaliber des Gliedes.[1] Diese Chance ist deshalb so groß, weil das Gerät

1. kolossal ist,
2. als etwas anderes getarnt ist, und zwar
3. (s. o.) als ein Symbol für ein Kollektiv: das eigene Land oder die Welt; das heißt weil der Protzende sich stets und mit bestem Gewissen (sowohl vor sich selbst wie vor den Anderen) als begeisterten Patrioten oder Abendländer oder Erdenbürger mißverstehen, und als solcher auftreten kann.

§ 39. *Identifizierung*

Damit sind wir bei der zweiten These. Diese besagt, daß hier ein Fall vorliegt, der Freuds Über-Ich-Theorie widerspricht. Was meine ich? Bei Freud spielt, wie der flüchtigste Freud-Leser weiß, die Identifizierung des Ich mit einer als absolut über-

selben Ereignis gleichzeitig teilnehmen zu lassen. Heute, im Fernseh-Zeitalter, ist die tatsächliche Massierung von Menschenmassen zum Zwecke der Herstellung von Solidarisierung nicht nur endgültig überflüssig geworden, sie gilt nun auch als inopportun. *Der Weg zu Allen führt nun grundsätzlich über jeden Einzelnen.*

[1] Welche Rolle, wenn überhaupt eine, Raketenbilder und Raketen für Frauen spielen, müßte eigens untersucht werden. In der unübersehbar großen journalistischen Literatur über Raketen ist mir – was kaum ein Zufall sein kann – kein wesentlicher, jedenfalls kein einziger enthusiastischer von einer Frau geschriebener Beitrag in die Hände geraten. – Auffällig ist übrigens auch die Tatsache, daß der einzige,

legen anerkannten Übermacht, mit dem sogenannten *„Über-Ich"*, eine entscheidende Rolle. Aber die Identifizierung, von der Freud spricht, ist nicht etwa mit Enthusiasmus oder gar mit Stolz verbunden, sondern umgekehrt mit Angst und Zittern. Denn sie verwirklicht (bzw. tarnt) sich als *Gewissen*. Das heißt: Das Ich hat sich – wovon es allerdings nichts ahnen soll und zumeist auch wirklich nichts ahnt – den Ruf des Über-Ichs einverleibt, und zwar stets dessen *Verbotsruf*, und das so erfolgreich, daß es in dessen Stimme seine eigene Stimme zu vernehmen meint, wenn nicht sogar – damit erreicht der Betrug seine Klimax – die seines „eigentlichen Selbst".[1] Und diese Stimme ist wahrhaftig keine Stimme der Begeisterung, vielmehr stets eine der strengsten und grausamsten Repression, vor allem eine, die die unerbittliche Unterdrückung der eigenen Sexualität verlangt, und zwar ausnahmslos eine Unterdrückung im Interesse des unzweideutig zugegebenen und überbetonten Sexualmonopols des Repressors, also im Interesse des als Über-Ich verkleideten Vaters. Kurz: Nach Freud verwirklicht sich die Identifikation mit dem Über-Ich als Identifikation mit dem von diesem promulgierten Verbot. „Mit dem Vater eins sein" bedeutet: Dessen exklusives Monopol (auf Sexualität) bejahen, auf das eigene (Sexual-)Recht verzichten, das (Sex-)Tabu anerkennen.

in Rußland durchgeführte, Raketenflug einer Frau überhaupt keinen „appeal" gehabt, also die Phantasie nicht in Bewegung gesetzt hat. Mindestens hier im Westen nicht. Ich nehme an, daß es psychologisch unmöglich war, sich als Insassen dieses riesigen Phallus – eine Frau vorzustellen.

[1] Um dem Betrugsvorgang, den Freud meint, seine vollständige, nämlich politische, Wahrheit zu verleihen, müßte man hier Aktivität und Passivität austauschen. Die psychoanalytische Behauptung, daß das Ich die Stimme des Über-Ichs „interiorisiere" und sich dadurch unfrei mache (ich betone: *mache*) unterstellt noch immer ein zu hohes Maß an Spontaneität. Was vor sich geht, ist vielmehr, daß das Über-Ich (so wie Gott „dem Erdenkloß den lebendigen Odem") seine Stimme dem Menschen, der dabei als nur empfangender figuriert, einbläst; und daß diese eingeblasene Stimme nun als „Stimme des Gewissens" weiterklingt. Das Über-Ich tut das aus zwei Gründen: 1. weil

Und in diese Regel ist nunmehr eine Bresche gelegt: Wenn die Millionen, die vor den Fernsehschirmen sitzen, zu Augenzeugen der Erektion des Nationalphallus werden, dann identifizieren sie sich nicht mit einem ihnen von einer Übermacht auferlegten Verbot, sondern mit dieser Übermacht selbst, mit dem enormen Organ und dessen enormer Leistung. Und statt vor Angst und Repression zu zittern, erleben sie eine ungeheure sexualprotzerische Steigerung ihres Selbstbewußtseins. Stolz und enthusiastisch können sie nun ausrufen: „Seiner! Unser! Meiner!"

Der Unterschied zwischen den zwei Identifikationsweisen, zwischen der angstdiktierten und der enthusiastischen, liegt auf der Hand. Trotzdem ist damit nicht behauptet, daß die zwei einander notwendigerweise ausschließen. Vielmehr geschieht es immer wieder, daß die zwei miteinander verschmelzen. So hatte es ja zum Beispiel zur Methode und Taktik des Terrors unter Hitler gehört, ambivalente Teilnahme zu erzeugen, also eine Angst, die zugleich Begeisterung war, und eine Begeisterung, der Todesangst als unentbehrliches Ingrediens beigemischt war. Die enthusiastischen Anhänger des Terrorregimes, die sich dazu gedrängelt hatten, dazuzugehören, die genossen ihr Terrorisiertwerden ebenso wie ihr Mit-Terrorisieren. Einerseits identifizierten sie sich mit der ihnen auferlegten Repression, andererseits aber waren sie davon überzeugt, daß sie, wenn sie sich für die Aufrechterhaltung ihrer eigenen Erniedrigung opferten, durch diese Selbst-Immolation am Glanze des Über-Ich selbst teilnahmen.

Und was damals von blutigem Terror gegolten hatte, das

es sich dadurch die Mühe des Selber-Bestrafens ersparen kann; und 2. weil es das Opfer dadurch dazu zwingt, denjenigen Haß, den es eigentlich und unvermeidlicherweise dem Verbietenden entgegenbringen müßte, nunmehr auf sich selbst, bzw. auf sein, angeblich „eigenes", Gewissen abzulenken, in gewissem Sinne sogar den Haß zu verdoppeln. Denn am Schluß haßt ja nicht nur das Ich (nämlich sein Gewissen), sondern auch das Gewissen (nämlich sein Ich) – sodaß, während die Zwei einander in den Haaren liegen, das Über-Ich den väterlich amüsierten Zuschauer spielen und gewissermaßen seine Daumen drehen kann.

gilt von dem heute herrschenden „sanften Terror" ebenfalls.[1] Aber mehr als diese Ambivalenz interessiert uns hier die 180-Grad-Drehung, die die Identifizierung durchgemacht hat. Natürlich hätte diese „Drehung" – ich werde sofort erläutern, was darunter zu verstehen ist – niemals eintreten können, hätte sich nicht im letzten Jahrzehnt jene Sexualrevolution abgespielt, die in „*Tabuierung des Tabus*", also darin bestanden hat, daß Scham zu etwas geworden ist, dessen man sich zu schämen hat. Natürlich bedeutet das nicht, daß sich die Raketen-Fans, um ihren Enthusiasmus zu rechtfertigen, auf diese Revolution ausdrücklich berufen. Umgekehrt stehen die meisten der auf das Kaliber und die Leistung ihres Nationalphallus stolzen TV-Zuschauer sozial und kulturell der heutigen Tabu-Tabuierung ganz fern; und nicht nur fern, vermutlich empfinden sie diese sogar als skandalös. Empirisch-soziologische Untersuchungen oder Statistiken über Verteilung des Raketen-Enthusiasmus auf Bevölkerungsgruppen und Bildungsschichten gibt es zwar noch nicht. So viel aber darf man wohl als gewiß annehmen, daß die Welle des Raketen-Enthusiasmus ihren Höhepunkt weder bei den Jugendlichen noch in progressiven oder gar avantgardistischen Bevölkerungsschichten gefunden hat, sondern in kleinbürgerlichen, provinziellen und konservativen Schichten, die entweder von der Sexflut nicht erfaßt sind, oder die den Mut zum direkten Tabubruch nicht aufbringen, oder die die heutige Sexualrevolution geradezu als schändlich ansehen und bereit dazu wären, diese aus Rache für den repressiven Zwang, unter dem sie selbst ihr Leben lang gelitten hatten und noch immer leiden, mit Stumpf und Stiel auszurotten. Kurz: Je weniger eine Gruppe sich selbst kennt, um so leidenschaftlicher greifen ihre Angehörigen nach Ersatzobjekten. Zu betonen, daß sie die Bewandtnis und Symbolfunktion dieser Ersatzobjekte nicht durchschauen, das erübrigt sich ja, denn wenn sie das täten, dann würden sie ja keine Ersatzobjekte benötigen oder auf solche Ersatzobjekte verzichten. Umgekehrt gehört Ahnungslosigkeit zu ihrem Enthusiasmus, und dieser wird um so größer und um so hemmungsloser, je mehr er außerdem als verdienstvoll,

[1] Siehe ‚Der sanfte Terror', Merkur Januar 64.

zum Beispiel als patriotisch, gilt. In anderen Worten: Nicht deshalb sind die meisten Raketen-Fans zu Fans geworden, weil sie eine vorurteilsfreie Attitüde dem Sexus gegenüber einnähmen; und den Sexsymbolen applaudieren sie nicht deshalb, weil sie keine Hemmung mehr zu überwinden brauchen, sondern umgekehrt deshalb, weil sie überhaupt nicht wissen, welcher Sache sie applaudieren. Cum grano salis darf man wohl behaupten, daß ihr Enthusiasmus *ihre* (total unbewußte) Version des Tabubruchs darstellt, ihre, trotz der Kolossalität der Objekte, bescheidene Version, da sie an dem Vorgang ja (wie Zuschauer einer homosexuellen Burlesque-Show) nur in der risiko- und konsequenzlosen Rolle von *Voyeurs* teilnehmen. Wozu noch kommt, daß sie dazu ja von höchster Stelle eingeladen sind, ihr Vergnügen an den heroischen Leistungen der Geräte als Nationalstolz zu genießen, nein, daß ihnen die Solidarisierung mit diesen als Verdienst hingestellt wird.[1]

§ 40. *Invertierte Sublimierung*

Man könnte fragen, ob es sich hier, da der Sexus sich in Nationalstolz verwandelt, und da der Gegenstand der Libido, mindestens des Sexualstolzes, in einem Gerät besteht, um eine *Sublimierung* im Freudschen Sinne handle.

Die Antwort lautet *nein*. Und nicht nur deshalb, weil nicht einzusehen ist, aufgrund welcher Wertskala eine Rakete etwas „Sublimeres" sein sollte als das Organ, an dessen Stelle sie emotional tritt; sondern vor allem deshalb, weil keine Rede davon sein kann, daß die Produkte, also die Raketen (was bei zahllosen Kunstwerken der Fall ist) ihre Entstehung und Existenz der (in eine andere: die technische Sprache, übersetzten) Kraft

[1] Dieses Syndrom ist in Amerika schon früher beliebt gewesen. Viele an National-, Sport- oder Landsmannschaftstolz appellierende Aufzüge werden von sogenannten ‚Drum Majorettes', halbnackten, aber uniformierten Girls angeführt. Analog waren die Nacktrevuen in Berlin nach dem ersten Weltkriege um so nackter, je patriotischer sie waren, und umgekehrt.

der Libido verdankten. Niemand wird so albern sein, zu behaupten, daß es libidinöse Energie gewesen sei, was die Raketenbauer zum Bau ihrer Geräte getrieben habe, daß diese also Sexuelles in die Sprache der Technik übersetzt hätten. Zwar eine Übersetzung liegt hier vor. Aber Übersetzer sind nicht die Hersteller der Raketen, Übersetzer sind vielmehr deren Konsumenten (richtiger: die Konsumenten der Raketenbilder). Und diese übersetzen nicht etwa (wie „Sublimierende" es tun) aus dem Idiom des Sexuellen in ein anderes, angeblich sublimeres, Idiom, in dem der ursprüngliche Sexualsinn unkenntlich wird, also z. B. in das Idiom der Technik; umgekehrt *übersetzen* sie *aus der Sprache des Technischen* gewissermaßen *„zurück" in die des Sexuellen.* Denn was hier vor sich geht, ist ja, daß sich die Zuschauer von den Gerätebildern sexuell reizen lassen. Da sie aber natürlich genauso wie jedermann wissen, daß die Raketen Raketen sind (und keine Sexualorgane), ist es ihnen leicht gemacht, die Natur ihres Enthusiasmus zu verdrängen, also unfähig zu bleiben, diese zu durchschauen. Umgekehrt gilt, daß, da die Einsicht in die Natur ihres Enthusiasmus verdrängt bleibt, die Identifizierung mit dem (sexuellen) Enthusiasmus erregenden Objekt um so unbehinderter vor sich geht. Wie paradox die Behauptung auch klingen mag, denn sie scheint Freud schroff zu widersprechen, hier gilt: *die Verdrängung verbürgt die Ungehemmtheit* – womit ich meine, daß sich die Raketenliebhaber, wenn sie die Vorurteilsfreiheit besäßen, sich über das, was sie beim Anblick der Raketen erleben, Rechenschaft abzulegen, vermutlich versuchen würden, durch Anschaltung eines weiteren Verdrängungsmechanismus ihre (sie beschämende) Identifizierung von Rakete und Penis zu blockieren. Aber dieses „Wenn" ist eben unrealistisch. Die Raketen-Fans bleiben aufgrund ihrer Gehemmtheit sich selbst unverdächtig, und deshalb gerade können sie sich vorbehaltlos dem Genuß der Identifizierung überlassen.

§ 41. Exkurs über Werbung als Beispiel „invertierter Sublimierung"

Wie gesagt, eine Sublimierung stellt die Verwandlung, um die es sich hier handelt, nicht dar. Denn die Richtung, in der sich die Verwandlung hier abspielt, ist der der Sublimierung entgegengesetzt. Sublimierung verwandelt Sexuelles in Nichtsexuelles, tarnt es mindestens so, daß es als sexuell nicht erkennbar bleibt; während hier umgekehrt etwas Nichtsexuelles in etwas Sexuelles verwandelt, mindestens affektiv umfunktioniert, wird.

Das mag im ersten Moment so klingen, als handle es sich um etwas ganz Außergewöhnliches oder Extravagantes. Nichts falscher als das. Denn es gibt nur wenige Operationen, die in unserem heutigen Alltag so allgemein gegenwärtig und für diesen so charakteristisch und selbstverständlich wären wie die Inversion der Sublimierung.[1] So alltäglich ist aber die Inversion deshalb, weil es ohne sie die uns pausen- und lückenlos umgebende *Werbe-Bilderwelt* nicht geben würde.

Freilich wird von denjenigen, die Werbung betreiben, die Übersetzung ins Sexuelle ganz bewußt durchgeführt, während sie, wie wir gesehen haben, bei den Raketen-Fans ahnungslos vor sich geht. Aber der Mechanismus ist der gleiche.

Einer der Haupttricks der Warenwerbung beruht auf der Einsicht in die Tatsache, daß alles, was in den Umkreis des Sexuellen hineingestellt wird, am Sexualreiz teilhat. Aus diesem Grunde macht man es zum Prinzip, zusammen mit der

[1] Die Tatsache, daß diese Operation bisher keinen eigenen Namen getragen hat, ist kein Gegenargument. Namenlosigkeit beweist nicht notwendigerweise, daß das Unbenannte nicht der Rede wert sei. Umgekehrt kann Namenlosigkeit auf beabsichtigter Unterlassung, auf der (oft nicht unberechtigten) Hoffnung beruhen, daß, was unbenannt bleibe, auch unbekannt, mindestens undurchschaut bleiben werde. Und das ist hier der Fall. Denn es liegt im Interesse derer, die sich der „invertierten Sublimierung" bedienen, uns daran zu hindern, diese zu durchschauen, mindestens diese – denn das Prinzip der Werbung als solches ist ja ein offenes Geheimnis – im Einzelfall zu durchschauen.

Abbildung oder mit dem Namen der jeweils offerierten Ware, gleich, ob dieser „an sich" ein Reiz zukommt oder nicht, Reizfleisch-Bilder auszustellen, Bilder von nackten oder halbnackten oder ganz hautnah bekleideten Girls (oder, für Spezialgeschmack von he-men), in Lockpositionen, oft sogar nur herausgeschnittene sexuelle „choice pieces" (also isolierte Sexualzonen oder -organe minus deren Eigentümer). Worauf man, und zwar mit Recht, spekuliert, ist, daß der Sex Appeal, den die Photos der Voll- oder Halbnuditäten ausstrahlen, auf die Warenbilder, in deren Dienst sie stehen, abfärbe; daß der Sex Appeal der Sexbilder die Warenbilder mitverführerisch mache und den Zuschauer aufreize, so daß dieser nun statt der Nuditäten aus irregeleiteter Lüsternheit mindestens die von diesen Nuditäten begleiteten Waren erwerbe. Ein klassisches Beispiel dafür ist das letzte Reklamebild für den weltrenommierten „Cognac Martell". Dieses Reklamebild zeigt unter der (auf einen galanten französischen Witz anspielenden) Überschrift „Vive la différence" eine ebenso freche wie süße Kokotte, die, während sie von einem (das Alter des Cognacs symbolisierenden) Rokoko-Liebhaber unter dem Kinn gekrault wird, ihren gefüllten Cognac-Schwenker ostentativ gegen ihren Venusberg drückt – eine Kontaktgeste, durch die die fast auf allen Reklamebildern gemeinte *Gleichung von Sexreiz und Warenreiz* ihre optimale Deutlichkeit gewinnt.

Es wäre nicht unberechtigt, in solchen Reklametricks eine letzte Version von Mädchenhandel zu sehen. Denn angeboten werden ja, mindestens dem Anschein nach, Mädchen. Freilich ist das Angebot betrügerisch, da die werbenden Firmen, im Unterschiede zu rechtschaffenen Mädchenhändlern der guten alten Zeiten, gar nicht die Absicht, auch nicht mehr das Recht haben, die Reizobjekte, mit denen sie ihre Kunden ködern, wirklich zu verkaufen – ihr Geschäft ist mithin betrügerisch, mindestens höchst unsolide; aber weil es unsolide ist, nämlich weil die Ködernden ihr unmoralisches Versprechen ja doch niemals halten, weil sie die Bilder nur als Lockköder benutzen, also dazu, die Kauflüsternheit der Kunden anzuheizen und diesen dann anstelle des begehrten Köders eine andere Ware (in diesem Falle den Cognac) in die Hand zu drücken – kurz: weil sie ihr unmoralisches Versprechen nicht halten, gilt das Versprechen selbst als einwandfreie Geschäftsmethode, und dies um so mehr, als es ja höchst profitabel ist.[1] Kurz: Beabsichtigt wird, daß der Kunde auf die Sexualisierung des der Ware beigegebenen Bildes hereinfalle; beziehungsweise, daß er diesen Reiz als den der Ware selbst mißverstehe, und daß er die durch den Bildreiz angeregte Begierde durch Anbeißen in die falsche Ware lösche. Aber kein Käufer hat das Recht, sich darüber zu beklagen, daß er durch eine Vorspiegelung genarrt worden sei. Denn die Methode, die Käufer vermittels der Sexualisierung von Waren, deren Reiz an den Sexualreiz nicht entfernt heranreicht, zu betrügen, die ist ja jedem Kunden vertraut, es gibt ja niemanden, der behaupten könnte, den Betrug, den geheimzuhalten die Firmen nicht für erforderlich halten, nicht zu kennen, also betrogen zu werden. Wenn wir auf den Trick, durch Ausstellung der Ware A uns zum Kauf von Ware B überreden zu lassen, trotzdem hereinfallen, dann haben wir uns das in den Augen der Firmen, die ja nicht behaupten, die Wahrheit zu sprechen, selbst zuzuschreiben. Und damit haben die Firmen in der Tat recht.

§ 42. Der Mond der Madison Avenue

Kaum war der Mond erobert, mindestens erreicht, als eine zweite Eroberungswelle einsetzte. Da nämlich der Mond durch seine „Eroberung" heute aufs stärkste affektbesetzt ist, und zwar als Objekt des Stolzes, kann er in der Welt der Reklame, also in der Madison Avenue, verwendet werden – und was dort verwendet werden *kann*, das *muß* doch auch verwendet werden, weil die Unterlassung einer möglichen Werbung auf

[1] Entsprechendes geschieht auf Modeschauen. Was die Kundinnen erwerben wollen (sich einreden, erwerben zu können), ist natürlich das Aussehen, die Figur und der Sex Appeal der auf dem Laufsteg vor ihnen sich produzierenden Mannequins. Was sie stattdessen nach Hause tragen, sind nur die von den Test-Beauties getragenen Unterwäsche- oder Oberbekleidungsstücke.

eine Geschäftsbehinderung herausliefe. In den USA, aber nicht nur dort, sind plötzlich Tausende von Mondtexten und -bildern aufgetaucht, die für Waren jeder Art zu werben begannen. Gleich, was man abzusetzen wünschte, ob elektrische Haushaltswaren, Pneus oder Büstenhalter, durch die Beigabe eines Mondes hoffte man, und vermutlich nicht zu Unrecht, diese Waren attraktiver zu machen. Da man wußte, daß die Ausstellung eines Mondbildes, wenn nicht sogar die bloße Nennung des Wortes „moon" dazu ausreichte, um Enthusiasmus zu wecken, und daß es keine psycho-technischen Schwierigkeiten bereiten würde, einen derart geweckten Enthusiasmus auf andere Gegenstände, namentlich auf andere Waren, abzuleiten und diese sexuell zu infizieren, erlaubte man es sich sogar, die Beziehung zum Monde oder zur Mondfahrt durch Negation herzustellen. Etwa, natürlich mit Mondbild: „Nein, hier oben würde Ihnen unsere Strumpfhose zwar nichts nützen, hier oben würden Sie bekanntlich eine andere Bekleidung benötigen, aber wer sollte Sie dort oben auch bewundern? Hier unten dagegen . . . etc."

Man sieht: Der Mond steht gratis zur Verfügung. Alle greifen zu. So wird das Mondprojekt nicht nur für diejenigen Industrien, die am Bau oder an der Installation der Raketen mehr oder minder direkt beteiligt sind, zur Goldmine, die gesamte Welt der Produktion und des Handels versucht, sich einzuschalten und vom Monde zu profitieren. Dessen Publicity-Rolle konkurriert in der heutigen Werbung mit der des weiblichen Leibes, dessen Abbildung ja auch nicht nur von Kosmetik- oder Wäscheindustrien benutzt werden, sondern ebenso auch von Benzinfirmen oder von Fluglinien. Es gibt so etwas wie einen Kommunismus der Werbewelt: Als Ausbeutungsobjekt gehört der Mond nun allen, mindestens all denen, die in der Lage sind, am Konkurrenzkampf der Werbenden teilzunehmen.

IV

Bilder

§ 43. Platonismus der Technik

Die Rolle der seit Jahrzehnten geläufigen Astronauten-Cartoons ist so groß gewesen, daß die amerikanischen Stellen, die uns via Satelliten über das Schicksal von Apollo 11 unterrichten, es für selbstverständlich hielten, einige solcher Cartoons einzublenden. Der österreichische Kommentator der Bilder versuchte etwas geniert, die Einblendung dieser albernen Bilder als eine „amerikanische Spezialität" zu verharmlosen – womit er zwar nicht unrecht hatte, was aber als Erklärung doch unzulänglich blieb. Hier die wirkliche Erklärung:

Alle Amerikaner haben von früh auf, sehr viele also seit mehreren Jahrzehnten, die in Millionenauflagen veröffentlichten, serialisierten Astronauten-Cartoons verfolgt. Diese Cartoons waren die echten Märchen der Neuzeit, nämlich *„invertierte Märchen"*, da sie nicht mit dem Vorzeichen „Es war einmal", sondern mit dem *„Es wird einmal sein"* anhoben. Das Faszinierende an diesen Zukunftsmärchen war, daß sie niemals Utopien blieben, sondern (da sie ja auf progreßgläubige Konsumenten rechneten) stets als Versprechungen in Erscheinung traten, gewissermaßen als Gutscheine für die später einmal einzulösende Wirklichkeit, und als solche auch „gelesen" und verstanden wurden. Der Tag, an dem diese Bons eingelöst werden können, nein, der Tag, an dem effektiv jedem, dem diese Bons jahrzehntelang ins Haus geschickt worden waren, deren Einlösung ins Haus gebracht wird, ist nun gekommen, richtiger: der liegt nun bereits hinter uns. Wenn es die Fernseh-Regisseure für richtig halten, die alten Cartoons zwischen die authentischen Bilder der Raumflüge und der Raumflieger einzuschieben, so, weil sie damit beweisen wollen, daß die Märchen nun zur Wahrheit geworden seien, daß man, was man in Form von Bildern versprochen hatte, nun eingehalten habe. Höchst merkwürdig (und phänomenologisch einmalig) ist es nun freilich, daß die heutige Einlösung der Gutscheine in der gleichen Form auftritt wie die Gutscheine selber, – womit ich meine, daß die Einlösung des Versprechens, das ja in Form von Bildern – eben als Cartoons – gemacht worden war, und anders gar nicht hätte gemacht werden können, nun ebenfalls in Form von Bildern vor sich geht. Einerseits ist das zwar begreiflich, denn natürlich wäre es technisch unmöglich, auch nur einen einzigen Zeitgenossen (geschweige denn jeden, dem man die Verwirklichung versprochen hatte) zum wirklichen Augenzeugen des wirklichen Geschehens zu machen. Andererseits aber hat es etwas Widersinniges an sich, daß ein durch Bilder angekündigtes Geschehnis nun seine Verwirklichung und Erfüllung noch einmal in einer Bildlieferung erfährt.

Aber damit noch nicht genug. Tatsächlich ist das Durcheinander von Wirklichkeit und Bild heute so total geworden, daß Tausende von Zeitungen und Zeitschriften der Welt, noch ehe das alle bisherigen Ereignisse krönende Ereignis: die Landung auf dem Mond, stattgefunden hatte, photographie-artige Bilder von diesem Ereignis und von den „Bildern", die sich den auf dem Monde Landenden bieten würden, veröffentlichten. *„Im Anfang war das Photo, und dann erschien die Welt"* dürfte man Karl Kraus variieren. Das Erstaunliche an diesen Bildern besteht vor allem aber darin, daß sie nicht etwa, wie Illustrationen von Jules-Verne-Romanen, Rhapsodien über Mögliches, sondern durchaus korrekte, um nicht zu sagen: *„authentische Bilder der Geschehnisse vor deren Geschehen"* sind. Sie sind nicht mehr nur „invertierte Märchen", Märchen, in denen das „So könnte es einmal sein" prophetisch als ein „So ist es" oder als ein „So war es" verkleidet wird, sondern wirklich *„invertierte Reports"* – womit ich meine, daß, sofern das im voraus Abgebildete stattfindet, dieses Stattfinden genauso vor sich gehen und genauso aussehen wird, wie das Bild es zeigt; daß diese Bilder *nicht* (was die Illustrationen der Jules-Verne-Romane im Vergleich mit denen der heute stattfindenden Ereignisse waren) *falsch sein können*, daß umgekehrt die totale Deckung von

Bild und Wirklichkeit verbürgt ist – es sei denn, die wirklichen Ereignisse geschehen fehlerhaft, das heißt: sie mißglükken. Dem ist so, weil die Ereignisse bereits in jedem ihrer winzigsten Details vor-geplant und vor-gebildet sind; was bedeutet, daß bereits, ehe sie stattfinden, feststeht, wie sie aussehen müssen, wie sie aussehen werden.

Und auch damit nicht genug. Das Verhältnis zwischen Ereignis und Ereignisbild ist nämlich noch komplizierter. Denn es gibt soundsoviele Ereignisphasen, die von niemandem gesehen, gefilmt oder für TV-Empfang gesendet werden können. Zu diesen Phasen würde zum Beispiel der allmähliche Abstieg der Landungsfähre gehören, wie dieser vom Mondboden aus aussieht, richtiger: wie dieser vom Mondboden aus aussehen würde, *wenn* jemand – was nicht möglich, jedenfalls noch nicht geschehen, ist – dabei wäre. Trotzdem werden wir, dessen bin ich gewiß, derartige Szenen im Fernsehen vorgesetzt bekommen, und mit Recht. Die Fernsehanstalten werden diese Situationen simulieren, seit Wochen sind sie damit beschäftigt, in ihren Ateliers Montagen aus Nachbildungen der Situationselemente (Landefähre Eagle, Erde im Himmel, Mondboden, Piloten Armstrong und Aldrin) aufzubauen, und Bilder, die entweder Vergrößerungen der von bemannten oder unbemannten Raketen aufgenommenen Bilder oder photographieähnlich gemachte Konstruktionszeichnungen sind, als Hintergrund-Elemente zu verwenden; und das Ganze wird uns dann ins Haus geliefert werden. Ich wiederhole: mit Recht, denn was wir dann sehen werden, wird, obwohl es sich dabei um *Bilder von Bildern von Bildern* handeln wird, korrekt, nein sogar authentisch sein, da die Situation entweder *so* aussehen wird beziehungsweise würde, oder überhaupt nicht stattfinden wird.

Und entsprechendes gilt natürlich von den Bewegungen, den Tätigkeiten und Handgriffen der Raumfahrer. Dabei meine ich nicht nur, daß soundsoviele Bewegungen, die sie ausführen werden, niemandem sichtbar sein werden, und daß wir sie trotzdem, eben in Simulation, werden sehen können – was natürlich zutrifft. Dazu kommt noch eine Simulation anderer Art. Nun spreche ich aus der Perspektive der Raumschiffer selbst. Diese haben zwar seit langem an Geräten und Gerätkombinationen, die sogar „Simulatoren" heißen, ihre Tätigkeiten ausgebildet und eingeübt; aber zur „wahren" Simulation kommt es erst auf dem Monde selbst, da sie sich dort so benehmen werden, als sei der Mond solch ein Simulator. Gleich, wie *uns* ihre Bewegungen erscheinen werden, diese werden *effektiv Nachahmungen* sein, Nachahmungen jener Bewegungen, die sie in den „Simulatoren" gelernt hatten – auch hier (also unabhängig von deren Aussehen) gilt, daß *die wirklichen Geschehnisse nur als Abbildungen von Vorbildern ihrer Ausbildung* stattfinden werden.[1]

Keine Frage: das Zeitalter der Technik ist das Zeitalter des *wahr gewordenen Platonismus*. Zuerst und wirklich, nämlich wirkend sind die Ideen, die bis ins einzelnste durchgezeichneten Blueprints und die durchgerechneten Vorbilder. Diese Vorbilder werden dann im Material der Wirklichkeit nachgebildet. Das, was wir sehen, wenn man uns sogenannte authentische Abbildungen großer technischer Produkte, also zum Beispiel der Apollo-Raketen, zeigt, sind also Bilder von Nachbildungen von Vorbildern. Und die zu früh veröffentlichten Bilder in Zeitschriften und Zeitungen sind, philosophisch gesehen, keine Fälschungen, vielmehr wahre Dokumentationen unseres technischen Zeitalters, in dem sich das Verhältnis von Bild und Wirklichkeit auf platonische Art auf den Kopf gestellt hat.

§ 44. *Vergrößerung als Tarnung*

Wie gesagt, die nun schon seit mehr als einem Jahrzehnt durch den Weltraum fliegenden Supermen hatten seit Jahrzehnten ihre

[1] Meine Behauptung, daß, „wer den Mond zur Erde macht, die Erde ‚vermonde'", bewahrheitet sich aufs sonderbarste in einem damals, als ich die Formel prägte, nicht gemeinten Sinne. Tatsächlich hat nämlich die NASA einen Teil der Wüste von Arizona in eine Mondlandschaft verwandelt, in einen *„Probemond"* für die Mondfahrer, an dem sie die bei der Landung auf dem Monde erforderlichen Schritte und Methoden erlernen können. Eine ganze Landschaft ist in einen „Simulator" verwandelt worden; und wenn die Mondfahrer auf dem Monde landen werden, wird diese ihnen vertraut vorkommen – eben deshalb, weil man *die Erde zuvor für sie vermondet* hatte.

utopischen Vorgänger gehabt. Wer in den dreißiger und vierziger Jahren die in nahezu allen Zeitungen der USA ad usum der Analphabeten veröffentlichten und von 95 Prozent der Bevölkerung „gelesenen" Cartoons oder die speziell für Knaben erzeugten Hefte (‚Amazing', ‚Astounding' und dergleichen) gekannt hat, jene niemals abbrechenden zugleich infantilen und vulgären Serien von Bildern, auf denen diverseste (teils apparatlos schwimmende, teils fledermausartig flatternde, teils Raketen steuernde) Kosmonauten den Weltraum durchkreuzten – wer diese Abertausende von Vor-Bildern kennt, für den kann kein Zweifel darüber bestehen, daß das, was heute im Weltraum aufs triumphalste gelingt, *die Erfüllung jahrzehntelanger Wunschträume* darstellt. Natürlich ist damit nicht behauptet, daß die heutige Raketenindustrie darauf abzielt, das Bedürfnis dieser Millionen, die in ihrer Kindheit derartige Cartoons verschlungen hatten, und von denen nur die wenigsten ihre Infantilität unterdessen überwunden haben, zu befriedigen, ebensowenig, daß die erste Generation der Raketenbauer ihre Stücke aus infantilen Gelüsten entworfen, gebaut und abgeschossen hätte – was eine völlig sinnlose Behauptung wäre, da ja die Zweckbestimmung der ersten ernstzunehmenden Exemplare rein destruktiv: nämlich die Zerstörung Londons, war. – Wohl behaupte ich dagegen, daß die Leidenschaft, mit der die Abermillionen von heutigen Fans den Aufstieg, die Bemannung, die Fahrt der Raketen nun verfolgen, nicht annähernd so groß wäre, wenn nicht diese Millionen seit Jahrzehnten mit utopischen Darstellungen gefüttert worden wären, und wenn nicht diesen utopischen Bildern bereits, ohne daß das den Cartoon-Lesern bewußt gewesen wäre, heimlicher Sex Appeal[1] innegewohnt hätte. Heute ist die Begeisterung nun maßlos geworden, denn an die Stelle der winzigen Cartoon-Vehikel, die bereits ihren phallischen Sinn gehabt hatten, sind nun turmhohe Phalli getreten. Natürlich werden auch diese nicht als Sexsymbole durchschaut, und dies umso weniger, als es ja gegen eine psychologische Regel zu verstoßen scheint, daß ein Symbol, wie es hier der Fall ist, das von ihm Symbolisierte an Größe

[1] Siehe S. 98 ff.

übertrifft. Gewöhnlich sind Symbole ja als partes pro toto (oder auch wie Amulette) kleiner als dasjenige, was sie symbolisieren, häufig sogar sehr viel kleiner. Und allein deshalb, weil sie trotz ihres Kleinformats fähig sind, das als kolossal oder maßlos Vorgestellte zu repräsentieren, also weil sie das Enorme handlich machen, können sie eine so große Rolle spielen.

Nun, wie gesagt, was hier vor sich geht, ist das Gegenteil davon. Denn hier steht ja das Riesenhafte in Stellvertretung für das ungleich Kleinere. Durch diese Inversion wird das symbolisierte Objekt aufs ingeniöseste getarnt – aufs ingeniöseste, weil eben auch die Tatsache der Tarnung selbst getarnt bleibt. Da niemand erwartet, daß sich etwas hinter einem vergrößerten, gar millionenfach vergrößerten Bilde verstecken kann, wird die monströse Überdimensionalität der Raketen zum denkbar besten Versteck der Sexualität. Wie widerspruchsvoll diese Behauptung auch klingen mag: *das Kolossale fungiert hier nippesartig, die Vergrößerung als Verharmlosung.* Und der Zuschauer, der sich über den Symbolsinn dieses so monströs großen Objekts nicht im klaren ist, hat dadurch die Chance, sich mit bestem Gewissen und mit größtem Vergnügen auf das in diesem Objekt Symbolisierte zu konzentrieren.

§ 45. *„Es sieht so unwirklich aus"*

Im Jahre 1960, so erzählte mir ein Bekannter, sei einer seiner Freunde, nachdem ihm ein Freibillett zu einem berühmten Baseball Game geschenkt worden sei, in Panik geraten, weil man ihn dadurch, wie er in steigender Erregung klagte, der Chance beraubte, dieses Spiel im TV mitzuerleben; und tatsächlich habe er, um diese ihm so wichtige Sendung nicht zu versäumen, die Eintrittskarte verfallen lassen. Im Wettkampf zwischen dem Ereignis und dessen Abbildung hatte die Abbildung den Sieg davongetragen.

Gute Zeiten, diese Zeiten von 1960, als die Wettkämpfe noch zwischen Wirklichkeit und Bild ausgefochten wurden. Denn heute haben wir bereits eine neue Stufe erreicht, eine noch tiefere: „Ein Fernseh-Fan in Ottawa", so lesen wir, „meldete sich erbost bei seiner TV-Station, weil seine Lieblingssendung der Direktübertragung vom Mond zum Opfer gefallen war. Das ursprünglich geplante Programm hatte geheißen – ‚*Abenteuer im Weltraum*'."[1]

Der Unterschied zwischen diesem und dem ersten Fall liegt auf der Hand: denn in diesem ging der Wettkampf schon nicht mehr zwischen wirklicher Teilnahme und Bildgenuß vor sich, vielmehr stand der Sieg des Bildgenusses schon von vornherein fest, Zweifel über diesen Sieg konnten nicht mehr aufkommen. Da es dem Mann aus Ottawa nicht freisteht, als wirklicher Passagier oder als Korrespondent am Fluge zum Mond teilzunehmen, tritt an die Stelle der wirklichen Teilnahme die an der Bildübertragung des Wirklichen. Die Wahl, vor die der Mann sich gestellt sah, war mithin die zwischen einem *Bild* der wirklichen Raumfahrt und einem anderen *Bild*, das nur vorgab ein Bild einer wirklichen Raumfahrt zu sein – dies freilich vorgab, ohne doch darauf zu insistieren, eine wirkliche und dokumentarische Abbildung einer wirklichen Reise zu sein; diese ontologische Ambivalenz, dieser „Schein", gehört nun einmal zum Wesen oder Unwesen des Kunstwerks.[2] Gleichviel, da sich die fiktive Weltraumreise, die unser kanadischer Zeitgenosse zu genießen wünschte, des gleichen Mediums wie wirkliche Abbildungen, nämlich des Fernsehens, bediente und als dokumentarisch auftrat, unterschied sie sich sinnlich nicht mehr von dem wirklichen dokumentarischen Bericht. Die Absurdität dieses Falles wird dadurch noch verstärkt, daß das Bild zweiten Grades, die Schein-Dokumentation, der Herstellung der wirklichen Dokumentation und dem dokumentierten Geschehen vorange-

[1] ‚Kurier', Wien, 23. 7. 69.

[2] Viele Machwerke, die sonst nicht den mindesten Anspruch darauf erheben, als Kunstwerke zu gelten, klassifizieren sich deshalb als solche, weil sie mindestens an dieser ontologischen Ambivalenz teilnehmen. Aus der Tatsache, daß Schein zum Kunstwerk gehört, wird hier der Anspruch, daß Schein allein schon dazu genüge, um ein Werk zum Kunstwerk zu machen. Freilich gibt es gewisse „Kunstwerke", wie z. B. die sogenannten „Heftchen-Romane", die vorgeben, „true stories" zu sein – was allerdings auch nur auf einen Kunsttrick herausläuft, da kein Leser diese Beteuerung wirklich ernst nimmt.

gangen war und deshalb nicht etwa als eine bloße Nachbildung oder Nachäffung der wirklichen Dokumentation gelten kann, sondern (um Schönbergs witzigen Ausdruck zu verwenden) als eine „*Voräffung*" klassifiziert werden muß. – In jedem Fall handelt es sich hier um ein Bild zweiten Grades. Und es ist charakteristisch, daß unser wirklich auf der Höhe, beziehungsweise auf der Tiefe, befindlicher Zeitgenosse aus Ottawa diesem Bild zweiten Grades genauso den Vorzug vor dem Bild ersten Grades gab, wie jener Amerikaner 1960, der dem Bild des Sportspiels den Vorzug vor der Wirklichkeit des Sportspiels gegeben hatte.

Tatsächlich ist die Schein-Dokumentation bereits so selbstverständlich geworden, daß diejenigen, die an wirklichen Dokumentationen als Zuschauer teilnehmen, Schwierigkeiten haben, diese nicht für eine jener fiktiven Dokumentationen, an die sie durch täglichen Konsum gewöhnt sind, zu halten.

Als Aldrins Frau Joan, so lesen wir in der ‚Herald Tribune' vom 22. 7. 69, vor dem Fernsehschirm in ihrem Heim in El Lago sitzend, ihren Mann auf dem Mond hin- und herhüpfen sah, da rief sie aus: „*It's just like a gigantic TV drama, it seems so unreal!*" („Es ist ganz wie ein gigantisches Fernsehdrama, es sieht so unwirklich aus.") Grundsätzlich besteht zwischen ihrer Attitüde und der ihres Zeitgenossen aus Ottawa kaum ein Unterschied. In gewissem Sinne ist freilich ihr Fall noch absurder als seiner. Denn während er die Bilder des TV-Dramas von denen des wirklichen Geschehens noch unterscheiden konnte und jene diesen „nur" vorzog, hatte Mrs. Aldrin (obwohl sie ja schließlich wußte, daß der Popanz, der da vor ihren Augen durch den Mondstaub hüpfte, ihr Mann war) die größte Mühe, in diesem etwas anderes zu sehen als einen jener Schauspieler, die sie in unzähligen kosmonautischen fiction plays gesehen hatte; die größte Mühe, sich aus dieser ihr gewohnten Attitüde zu befreien und in den genau wie eine Pseudo-Dokumentation aussehenden Bildern eine wirkliche Dokumentation zu sehen. Nicht nur gilt das alte Sprichwort: „Wer einmal lügt, dem glaubt man nicht, und wenn er auch die Wahrheit spricht", sondern ebenso: „Wer daran gewöhnt ist, belogen zu werden, der glaubt auch nicht mehr, wenn er einmal mit einer Wahrheit konfrontiert wird". Und es wäre durchaus denkbar, daß Mrs. Aldrin, wenn ihr Mann vor ihren Augen auf dem Monde, beziehungsweise auf dem Bildschirm, verunglückt wäre, (zwar „gewußt" hätte, daß der Verunglückte ihr Mann wäre, aber) in diesem Unglück nicht ein wirkliches Unglück, sondern nur ein gespieltes Unglück gesehen hätte; und „thrilled to death" ihrem toten Mann gegenüber dieselben Worte ausgerufen hätte, die sie angesichts ihres lebenden Mannes ausgerufen hat: „It's just like a gigantic TV drama. It seems so unreal!"

Die grenzenlose Indifferenz, die Augen- und Ohrenzeugen heutzutage so häufig in Gegenwart furchtbarer Ereignisse, zum Beispiel in Gegenwart von Unglücksfällen oder Verbrechen, beweisen, hat gewiß darin ihren Grund, daß diese Zeugen daran gewöhnt sind, im Fernsehen gespielte oder wirkliche (und zwar, da beide im photographischen Medium vor sich gehen, voneinander ununterscheidbare) Verbrechen oder Unglücksfälle mitzuerleben, ohne daß sie in der Lage wären, helfend einzugreifen.

§ 46. Exkurs über die Koinzidenz von Wahrnehmung und Traum bzw. von Ware und Bedürfnis

Was Freud immer wieder, zuletzt in seinem kurz vor seinem Tode verfaßten „Abriß", betont hat, daß der Inhalt unserer Träume nur die Fassade sei, hinter der sich der wirkliche Sinn des Traumbildes verberge, das gilt, wenn auch mutatis mutandis, auch für das Fernsehen, da wir, wenn wir vor dem TV-Schirm sitzen, gewissermaßen *„beträumt werden"*. Die hier verwendete passivische Form von „träumen" sollte nicht überraschen, denn wenn es einen menschlichen Zustand gibt, der passiv ist, dann ist es der des Traumes, und der Ausdruck „beträumt werden" wäre, wenn man den uns beträumenden „Traumsender" näher bestimmen könnte, auch für normales Träumen angemessen. Mit vollem Recht aber können wir diesen Ausdruck verwenden, um die Rezeption von Bildern zu bezeichnen, die uns (im Unterschiede zu den ohne angebbares eigenes oder fremdes Zutun auf dem Nahsehschirm des Schlafes auftauchenden) wirklich von außen von identifizierbaren Sendern geliefert werden, die wir also *wahrnehmen* – aber doch eben in einem Zustand von so totaler Passivität, daß der Wahrnehmende das Wahrgenommene zu träumen scheint.[1]

Und solche wie im Traum rezipierten Wahrnehmungsbilder sind die Fernsehbilder, obwohl diese „von außen" kommen. Aber dieses „Obwohl" ist sinnlos geworden, weil die Unterscheidung zwischen „innen" und „außen" bereits ihre Gültigkeit verloren hat, anders ausgedrückt: weil uns die Bilder von Welt, die uns im Fernsehen geliefert werden, so „passen" wie die Traumbilder, die wir spontan erzeugen und erleiden; weil also diese Bilder bereits von vornherein dafür präpariert sind, als Augenfutter zu dienen, das heißt: geträumt zu werden. Was Freud von normalen Träumen behauptet, gilt auch von diesen: was wir träumend erblicken oder sonstwie erfahren, ist für uns allein deshalb von so eminenter Bedeutung, weil „der Wahrnehmungsinhalt nur die Fassade ist, hinter der sich der wirkliche Bildsinn verbirgt". Wer aber darauf besteht, daß „echte Träume" Manifestationen unseres eignen Wesens seien und daß das von den uns gelieferten Bildern nicht gelte, verliert sein Argument, sobald er die Affektbesetzung der „unechten Träume" mit der der „echten" vergleicht. Das Interesse, mit dem wir die uns gelieferten Träume aufnehmen, ist nämlich nicht minder intensiv und nicht minder charakteristisch für uns als das Interesse, mit dem wir die „von uns selbst erzeugten" und gewissermaßen „von uns selbst zugeschickten" Traumbilder erleben. Ob sich jemand für ein phallusartiges Objekt,[2] das er sich selbst er-

[1] Psychologisch stellt dieses „traumhafte Wahrnehmen" das Pendant zu denjenigen Akten dar, die in den zwanziger Jahren Jaensch unter dem Titel „Eidetik" zusammengefaßt hat. Als „Eidetiker" bezeichnete J. Menschen, deren Erinnerungsbilder Wahrnehmungsbildern an Präzision nicht nachstehen, die also z. B. einmal gesehene Buchseiten „aus der Erinnerung" ablesen können.

[2] Siehe dazu die Ausführungen über ‚Kollektivphallus-Kult', Seite 98 ff.

träumt, interessiert, oder für eines, mit dem er „beträumt" (das ihm also als Bild geliefert) wird, das läuft auf eines heraus. Dazu kommt noch (worauf hier nicht eingegangen werden kann), daß es sehr fraglich ist, ob und in welchem Grade unsere „wirklichen Träume" wirklich als unsere eigenen, von uns selbst hergestellten gelten dürfen, ob nicht auch sie schon „Lieferträume" sind, nämlich einerseits aus dem noch vor-individuierten „Es" stammen, andererseits durch die täglich gelieferten Matrizen der Massenmedien vorgeprägt sind.

Ein anderer, im ersten Augenblick ebenfalls plausibel klingender Einwand gegen unsere These, daß die gelieferten Bilder als für uns charakteristische Traumbilder gelten dürfen, könnte lauten, daß die dem Publikum dargebotenen Bilder zwar die Absichten der Bildlieferanten verraten, vielleicht auch, welche Art von Publikum die Lieferanten sich wünschen oder herzustellen versuchen; nichts dagegen über das tatsächliche Publikum, also über uns.

Aber auch dieser Einwand trifft nicht, deshalb nicht, weil er die entscheidend wichtige Tatsache außer acht läßt, daß Ware und Bedürfnis heute perfekt kongruieren. Zwischen dem Publikum, das die Lieferanten zu erzeugen versuchen, und dem wirklichen Publikum (also uns) zu unterscheiden, ist nämlich sinnlos geworden. Und zwar deshalb, weil die Terrorherrschaft der Produkte, der wir unterworfen sind, bereits „sanft"[1] und unerkennbar geworden ist, sodaß wir die Freiheitsberaubungen, die wir pausenlos erleiden, überhaupt nicht mehr als solche empfinden, sondern umgekehrt als Belieferungen und als Steigerungen unseres Lebensstandards – was uns so restlos entwaffnet und so widerstandslos gemacht hat, daß wir immer sofort nachgeben, nein immer schon nachgegeben haben, noch ehe wir auch nur gespürt haben, daß da etwas vorgelegen hat, dem man vielleicht nicht hätte nachgeben sollen. *Immer sind wir bereits das „gewünschte Publikum"*. Und selbst wenn ein Einzelner einmal nicht nachgeben würde – wirklich überlegen wäre er der Majorität nicht, auch er wäre ein total Besiegter. Denn was zählt, ist nicht die kleine Ausnahme, sondern die Kontinuität (des Immer-

[1] Siehe ‚Der sanfte Terror', ‚Merkur', Januar 1964.

schon-nachgegeben-habens), innerhalb derer dann und wann kleine Ausnahmen vorkommen. Kurz: Da uns, was wir für unsere Bedürfnisse und Wünsche halten, bzw. was unsere Bedürfnisse und Wünsche heute wirklich sind, immer schon gestern und vorgestern eingeflößt worden ist, sind wir als Kunden immer schon so, wie die Produzenten und Lieferanten uns jeweils wünschen. Die Unterscheidung zwischen Kunden, in die sie uns zu verwandeln versuchen, und den „eigentlichen Menschen", die angeblich „tatsächlich" seien, diese Unterscheidung ist bereits gegenstandslos geworden. *Nicht* das Feuerbachsche Dictum *„Der Mensch ist, was er ißt"* gilt heute, sondern das: *„Der Mensch ist das, womit er gefüttert worden ist"*.

In anderen Worten: Die Produzenten und Lieferanten benötigen, vor allem dann, wenn sie ihre Produkte bereits erzeugt haben und ihren Absatz zu steigern wünschen, ein Publikum, das diese ihre Produkte benötigt, eines, das unter dem Bedürfnis nach diesen Waren wirklich leidet. Da sie des Hungers ihrer Käufer bedürfen, erzeugen sie diesen. Durch die zusätzliche (und vorsätzliche) Produktion unseres Hungers auf ihre Produkte stillen die Produzenten ihren eigenen Hunger auf optimalen Absatz ihrer Produkte.[1] Die Behauptung, daß wir, das Publikum, diejenigen Waren, die zu begehren wir durch „sanften Terror" gezwungen werden, „eigentlich" ja garnicht begehren, bleibt eine bloße Beteuerung, eine völlig sinnleere, weil diesem „Eigentlich" in der Wirklichkeit nichts mehr entspricht, weil wir vielmehr immer schon „uneigentlich" sind. Tatsächlich geschieht es heute nur selten, daß Warengattungen deshalb zugrundegehen, weil sie nicht benötigt würden, beziehungsweise weil es nicht gelänge, die erforderlichen Kunden und deren Hunger auf diese Waren zu erzeugen – was freilich nicht bedeutet, daß jedes beliebige Produkt zur Ware gemacht und ad libitum durch Werbung verkäuflich gemacht werden könnte. Unverkäuflich sind natürlich Produkte dann, wenn der Bedarf nach ihnen durch die Existenz anderer Produkte, beziehungsweise durch das effektiv herrschende Niveau der Produktewelt als ganzer, bereits gestillt

[1] In der theoretischen Darstellung dieses Prozesses bestünde die heute gültige „Identitätsphilosophie".

wird. Keiner Werbung, keiner noch so raffinierten Public-Relations-Methode würde es gelingen, in unserer elektrisch beleuchteten Welt ein Massenbedürfnis nach Lichtscheren oder dergleichen zu erzeugen bzw. Lichtscheren en masse abzusetzen. Eine gewisse Dosis von „Echtheit" muß auch jedem erzeugten Bedürfnis zukommen, wobei aber als *„echt" allein diejenigen Bedürfnisse* gelten können, *die dem jeweiligen Stand der Produktion, bzw. deren Defekten, selbst entspringen,* die also gewissermaßen *„Bedürfnisse der Produkte selbst"* sind. Jawohl, der Produkte selbst. Denn es gibt kein einziges neues Erzeugnis, das nicht, einfach durch die Tatsache, daß es gerade erfunden, hergestellt und verkauft wird, neue Bedürfnisse mit-erzeugte, Bedürfnisse, die nun ihrerseits danach verlangen, gestillt zu werden. Oder, anders ausgedrückt: Es gibt keine Steigerung der Produktion, durch die nicht – was den Produzenten natürlich hoch willkommen ist – die Bedürfnisse ebenfalls akkumulierten. Und *nur diejenigen neuen Produkte, die die Bedürfnisse unserer gestrigen Produkte stillen, stellen wirklich heute absatzreife Neuheiten dar – was zugleich bedeutet, daß nur sie auch unsere Bedürfnisse stillen.* Als Verwender unserer Produkte sind wir auch zu deren Sklaven geworden, zwar nicht zu Sklaven jedes einzelnen Produkts,[1] aber doch unserer Produktewelt als ganzer; und was dieser fehlt, das empfinden wir als etwas, was auch *uns* fehlt, jawohl: „auch", nur „auch", da die primären Bedürfnisse von heute eben diejenigen sind, unter denen unsere Dingwelt leidet, und da die Bedürfnisse, unter denen wir leiden, nur noch als deren Reflexe gelten können. *Wenn wir hungern, dann hungern wir gewöhnlich nur noch „mit".* Und wenn Menschen einen Hunger verspüren, der kein solcher Mit-Hunger ist, dann wird dieser, weil wirtschaftlich irrelevant, nicht ernst genommen.

Die Behauptung, daß Bedürfnisse heute eigens hergestellt werden, humpelt der Gegenwart also bereits um einen Schritt

[1] Auf dieses oder jenes kann man vorübergehend verzichten. Das hin und wieder freiwillig zu tun, gilt sogar als romantische Rustikalität; und es gibt schon hunderte von speziellen gadgets, die es uns ermöglichen, an Weekends aufs angenehmste primitiv zu leben.

nach. Kennzeichnend für die heutige Situation ist vielmehr die Tatsache, daß *die meisten Bedürfnisse garnicht mehr hergestellt zu werden brauchen*, da die von uns Konsumenten bereits verwendeten Stücke für das Entstehen dieser Bedürfnisse selbst Sorge tragen. Das Bedürfnis nach dem von den Motorradfahrern zwecks Schädelschutz verwendeten Helm braucht man nicht eigens zu erzeugen oder den Motorradfahrern aufzuschwatzen, vielmehr produziert das Motorrad, wenn es erst einmal mit seinen Mängeln, nämlich mit seiner Gefährlichkeit da ist, dieses Bedürfnis selbst, und der Eigentümer wird den Helm kaufen. Hat er das getan, dann wird er aber auch nicht ruhen, ehe er nicht auch dasjenige Putzmittel gekauft hat, dessen der Helm bedarf, um ansehnlich zu bleiben. Und so fort. Kurz: *Jeder Defekt eines Produkts ist eine Tugend, da er die Herstellung eines,* diesen Defekt behebenden, *neuen Produktes nötig macht* und dadurch nicht nur die Produktion wie gehabt weiter in Gang hält, sondern die Zahl der erforderten Produkte kontinuierlich steigert. Die berühmte „planned obsolescence" sorgt nicht nur für die Neuerwerbung von Waren der gleichen Gattung, sondern auch für den Kauf von Waren anderer Art.

Zurück zu unserem Ausgangsthema. Was von Produkten im allgemeinen gilt: daß diese, und die Bedürfnisse nach ihnen, uns nicht nur durch den „sanften Terror" der Werbung, sondern bereits durch die jeweiligen Mängel der gestrigen Produkte aufgezwungen werden, das gilt natürlich auch von denjenigen Erzeugnissen, die uns hier angehen: von den Bildern, namentlich den TV-Bildern, der Raumfahrten. Von diesen zu behaupten, daß wir ihrer „eigentlich" nicht bedürfen, wäre sinnlos, weil diesem „Eigentlich" in der Wirklichkeit eben nichts mehr entspricht, weil die Unterscheidung zwischen dem, was wir heutigen Fernsehkonsumenten „eigentlich" und dem, was wir „eigentlich nicht" benötigen, gegenstandslos geworden ist. Wenn, wie es sich gezeigt hat, der Konsument unter demjenigen Hunger leidet, den die gelieferten Produkte erzeugt haben, und wenn dieser Hunger durch weitere Produkte gestillt wird; wenn der Konsument also, in neuer Variation des Feuerbachschen Satzes, pausenlos das *„wird, was er ißt"*, dann ist auch die Bilderwelt, die ihm ins Haus sprudelt oder die ihm eingeflößt wird, wirklich diejenige, die er selbst sich wünscht. Und aus diesem Grunde ist diese ihm gelieferte Welt für ihn um nichts weniger charakteristisch als diejenige, die er (sofern es derartiges gibt) völlig unbeeinflußt träumt. Nicht nur gilt heute: „Sage mir, was du dir auswählst, und ich werde dir sagen, wer du bist", sondern, da die Freiheit der Wahl nicht mehr existiert, außerdem: *„Sage mir, womit du beliefert wirst, und ich werde dir sagen, wer du bist."*

V

Raum-Annullierung

§ 47. Zuhause

„Wieder zuhause" haben sich die den Mond Umkreisenden immer in denjenigen Augenblicken gefühlt, in denen sie, trotz der mehr als 200 000 Meilen, die sich zwischen ihnen und der Erde erstreckten, die Rückseite des Mondes verließen und den Funkkontakt mit ihrer Erde, bzw. mit der Bodenstation in Houston, wieder aufnehmen konnten.

Welch sonderbarer Zuhause-Begriff, wird man denken, welch sonderbares Zuhausegefühl. Aber diese Begriffe und Gefühle sind bereits veraltet. Denn schon gibt es einen noch absurderen Zuhause-Begriff und ein noch absurderes Zuhause-Gefühl.

Jene Apollo-Piloten, die sich von ihrer Kapsel getrennt haben, um in ihrer Fähre den Mond zu erreichen, die haben sich nach ihrem ersten Bodenausflug in dieser ihrer Fähre, in der immerhin Essen und Hängematten auf sie warteten, zum ersten Male wieder zuhause gefühlt. Zwar noch auf dem Monde, aber doch schon zuhause, „at home at last". Dann aber haben sie sich, in diesem „Zuhause" stehend, vom Mond fortkatapultiert, um das Mutterschiff, die schwebende Kapsel, in der ihr Kollege auf sie wartete, zu erreichen. Nachdem ihnen das gelungen war, und sie in diese Kapsel hineingekrochen waren, haben sie sich zum zweiten Male „zuhause" gefühlt – diesmal richtiger „at home" als das erste Mal. Bis sie schließlich irgendwo im Ozean landeten – da waren sie nun zum dritten Male „at home", wiederum richtiger „zuhause" als die beiden ersten Male. Und zum vierten Male waren sie „zuhause", als sie, aufs Schiff gebracht, wieder unter Menschen waren. „At home at last!" jubelten sie, obwohl sie noch nicht einmal Land unter den Füßen hatten, sondern nur Planken; geschweige denn das Stück

Land, das sie als ihr Zuhause anzusehen gewohnt gewesen waren.

Aber dieses letzte, ihr wirkliches Zuhause, war ihnen nicht, jedenfalls nicht sofort vergönnt. Und zwar deshalb nicht, weil ja der Mondboden, mit dem sie in Kontakt gekommen waren, die unbekanntesten, vielleicht die verderblichsten Keime enthalten konnte; weil sie also als mögliche Keimträger galten: erst einmal mußten sie bekanntlich, tabu wie Pestkranke, ihr Leben in hermetisch verschlossenen Räumen verbringen und von den Ihren ausgesperrt bleiben. Nicht nur gilt: „Wer den Mond zur Erde macht, dem vermondet sich die Erde",[1] sondern auch: „Wer vom Mond zur Erde zurückkehrt, der gilt auf der Erde als Mondmann".

Durch die zwei Tatsachen, daß

1. die befahrbaren Distanzen und
2. die Fahrt-Tempi sich nun ins Immense gesteigert haben,

ist alles, was mit räumlicher Bewegung zu tun hat, in Mitleidenschaft gezogen. Auch deshalb ist „Ankommen" beziehungsweise „Zurückkehren" heute etwas völlig anderes als je zuvor.

Bekanntlich ist die Kapsel von Apollo 11 mit großartiger Genauigkeit an demjenigen Punkte gelandet, der als Landungs- bzw. Wasserungspunkt geplant gewesen war. Das bedeutet aber nicht, daß die Ankunft, bzw. die Rückkehr an diesem (etwa 1500 Kilometer von Hawaii entfernten) Punkte stattgefunden habe. „Angekommen" sind die Drei vielmehr früher – schwer zu entscheiden, ob man sagen soll: „sehr viel früher" oder „ein wenig früher" – jedenfalls früher. So schwer zu entscheiden ist das deshalb, weil aus der Perspektive derer, die in den außerirdischen Raum hineingesprungen waren, und die nunmehr zurückkehren, „ankommen" nur bedeuten kann: *„ankommen in der terrestrischen Sphäre"*. Diese Ankunft aber hat sich ja, wie wir wissen, nicht erst dort ereignet, wo die Kosmonauten schließlich aufgefischt wurden, sondern bereits irgendwo über China. Wenn Lovell das kurz bevorstehende Ende der Mondreise seinen Ko-Astronauten auf übliche Art, also so, wie Kapi-

[1] Siehe ‚Der Mann auf der Brücke', S. 71.

täne von Personenflugzeugen das tun, angekündigt hätte, dann hätte er gerufen: „Gentlemen, we have reached our place of destination! What you see underneath you is already our Earth, some Chinese territory in case someone should care to know such trifles – anyhow we have arrived, the distance between here and our place of landing amounts only to a few thousands of miles. In a few minutes we will land. Please stop smoking and fasten your safety belts!" („Meine Herren, wir haben unseren Bestimmungsort erreicht! Was Sie unter sich sehen, ist bereits unsere Erde, irgendein Teil Chinas, falls jemand an solchen Lappalien interessiert sein sollte – gleichviel, wir sind angekommen, die Distanz zwischen hier und unserem Landeplatz beläuft sich nur noch auf ein paar tausend Meilen. In wenigen Minuten werden wir landen. Bitte hören Sie auf zu rauchen und schnallen Sie sich fest!")

Wie paradox das auch klingen mag: Obwohl vermutlich keiner von ihnen die Gegend, die sie gerade erreicht hatten, bzw. über die sie da gerade hinwegrasten, kannte und keiner von ihnen sich in dieser früher einmal aufgehalten hatte; und obwohl selbst heute noch, im Zeitalter der Überschall-Flugzeuge, Europäer oder Amerikaner noch viele Stunden benötigen würden, um diese Gegend zu erreichen, trotz alledem war diese für die Kosmonauten nicht nur die Gegend ihrer Ankunft, sondern auch die ihrer Rückkehr. Mit ihren Maßen gemessen, war die Distanz, die sie noch zurückzulegen hatten, überhaupt nicht der Rede wert, viel geringer zum Beispiel als die Distanz, die Beethoven vor 150 Jahren zurückzulegen hatte, wenn er in Wien aufbrach, um seine Ferien in der 25 Kilometer entfernt gelegenen abenteuerlichen Fremde des Wiener Waldes bei Mödling zu verbringen.[1]

[1] Als Conrad, von der Mondoberfläche zurückkehrend, wieder in der Kapsel „Intrepid" saß, fragte er Gordon, der bekanntlich während des Abstiegs seiner zwei Kollegen den Mond, gewissermaßen als dessen Trabant, kontinuierlich umkreist hatte, wieviel Uhr es sei. Gordon antwortete, nicht nur die Stunde sei ihm unbekannt, sondern auch der Tag, was natürlich, da er den Chronometer ablesen konnte, ein Scherz war; aber doch ein psychologisch sehr charakteristischer. Was er meinte, war, daß ihm, da er sich aus der Region des irdischen Tag-

§ 48. Annullierung des Raumes

In Houston sitzen Ärzte an Registrierapparaten und können, wann immer sie das für erforderlich halten, die Temperatur- oder die Kreislaufwerte der, hunderttausende von Kilometern von ihnen entfernten, Astronauten ablesen und diesen, nicht anders als wenn sie an deren Krankenbetten säßen, ihre Ratschläge geben. Was haben wir zu bewundern?

Nicht allein unsere Fähigkeit, Mitmenschen in die Tiefe des Weltraums hineinzuschießen. Sondern mindestens ebensosehr unsere Fähigkeit, die Hinausgeschossenen jederzeit einzuholen und sie in unserer (bzw. uns in ihrer) Nähe zu halten. Anders formuliert: Da Kontakt-Halten-Können bedeutet: Distanzen aufheben können, und da der Raum nichts anderes ist als das System von Distanzen, dürfen wir in unserer Fähigkeit, Kontakt mit Entferntem aufrechtzuerhalten, die Fähigkeit sehen, den *Raum* zu *annullieren*. Diese Annullierung der immensen Distanzen verdient mindestens ebenso große Bewunderung wie unser Sprung ins Unermeßliche, beziehungsweise dieser Sprung gewinnt seine wirkliche Würde erst durch die Tatsache, daß wir imstande sind, ihn aufzuheben. Das gilt auch im pragmatischen Sinne: Denn ohne die Möglichkeit solcher „Aufhebung" gäbe es

und Nachtwechsels herausbegeben hatte, die zeitliche Orientierung verlorengegangen sei. – Trotzdem, ein echtes Pendant zu dem, was wir im nächsten Paragraphen als „Raum-Neutralisierung" bzw. „-Abschaffung" kennenlernen werden, ist dieser Verlust des Zeitgefühls nicht. Während, wie wir gleich sehen werden, der Raum, im Sinne von Distanz, wirklich abgeschafft zu sein scheint, wenn sich Personen, obwohl hunderttausende von Meilen voneinander entfernt, miteinander unterhalten können, sind doch die Zeitintervalle, etwa zwischen der Abfahrt des „Intrepid" und dessen Wiedererscheinen, nicht ausgelöscht, sondern nur verunklärt. – Andererseits ist es wahr, daß die Technik seit langem auf die Auslöschung der Zeit genau so aus ist, wie auf die Auslöschung des Raumes. Denn was bedeutet denn unser Bemühen, das Reise-Tempo immer weiter zu steigern, anderes, als daß es unser (freilich asymptotisch bleibendes) Ziel ist, das Intervall zwischen Start-Augenblick und Landungs-Augenblick infinitesimal klein, also letztlich gleich Null, zu machen?

eben nur à fond perdu ins All geworfene Kosmonauten, aber keine Rückkehrer.

Natürlich ist, was ich hier „Aufhebung des Raums" nenne, nichts absolut Neues. Auf Raum- und Zeit-Aufhebung zielen zahllose menschliche Geräte ab. Wenn wir von Wien aus mit Tokio telephonieren, dann ist der von uns so weit entfernte Gesprächspartner (mindestens als Sprecher und Hörer) nicht mehr entfernt von uns. Analog: Wenn wir uns, vor unserem Fernsehschirm sitzend, die Rede eines Politikers mit anhören, dann nehmen wir, trotz der vielleicht hunderte von Meilen betragenden Entfernung von ihm, an der Versammlung teil, und zwar in unmetaphorischem Sinne, da wir ja durch die Worte des Redners *unmittelbar* beeinflußt werden. Und da Unmittelbarkeit und Distanz einander widersprechen, ist unsere Rede von einer, mindestens unilateralen, Aufhebung der Distanz zwischen dort und hier völlig berechtigt.[1]

Aber damit nicht genug. Angesichts dessen, was in der Raumfahrt vor sich geht, darf man von einer *„Verdoppelung der Aufhebung des Raums"* sprechen – womit ich das Folgende meine:

Wenn wir instand gesetzt sind, als Augen- und Ohrenzeugen den Kontakt zwischen der Kapsel und der Bodenstation in Houston, kurz: die Aufhebung des Raums zwischen diesen zwei Punkten, mitzuerleben, so ja allein deshalb, weil zusätzlich die Entfernung zwischen Houston und unserem Fernsehschirm aufgehoben worden ist. Es gibt kein „Dort" mehr, alles ist „hier" – und wenn alles hier ist, gibt es keinen Raum mehr.

Und damit bin ich bei dem Punkt, auf den es hier ankommt.

Wie selbstverständlich es uns allen auch schon sein mag, daß in allen Fällen von Kontakt Distanzen liquidiert sind, keinem von uns ist es doch völlig klar, daß in solchen Fällen auch der Raum als solcher liquidiert ist. Distanzen sind Verhinderungen,

[1] Die genaue Analyse dieser Tatbestände muß, da sie uns von unserem Thema zu weit fortführen würde, anderswo gegeben werden. Diese Analyse, in der sich Raum und Zeit als *„Formen der Behinderung"*, nicht als *„Formen der Anschauung"* entpuppen, wird im zweiten Band der ‚Antiquiertheit des Menschen' geliefert.

der aus Distanzen bestehende Raum ist ein System von Verhinderungen. Die heimliche Hoffnung unseres Zeitalters ist es, diese Verhinderungen aus der Welt zu räumen, kurz: den Raum abzuschaffen; was bis heute freilich immer nur vorübergehend gelingt. Denn nur ein einziges Schräubchen der Apparatur, deren tadelloses Funktionieren die Distanz- und damit die Raumliquidierung – in Gang gehalten hat, braucht zu versagen, und schon hat der Raum die Chance zurückerobert, in aller seiner Macht wieder auszubrechen.

Auch solche „*Re-Eruption des Raumes*" ist nichts völlig Neuartiges, auch sie haben wir schon erfahren. Zum Beispiel in denjenigen Augenblicken, in denen uns eine telephonische Fernverbindung abriß: plötzlich schob sich dann wieder, als hätte er nur darauf gelauert, der Zwischenraum zwischen das Dort und das Hier, und der Gesprächspartner, der eben noch hier gewesen, war plötzlich über Ozeane und Erdteile hinweg an seinen unerreichbar fernen Platz zurückgerissen. Genau das ist die Erfahrung, die die drei Astronauten von Apollo 9 und die folgenden „Kapsel-Driver" zu machen hatten, und zwar immer und immer wieder. Jedesmal, wenn sie hinter dem Mond verschwanden, „brach" der Raum von neuem „aus", und jedesmal hatten sie dann, von neuem tödlich vereinsamt, die von neuem triumphierende Unermeßlichkeit des Universums zu durchsausen, bis sie, wenn sie über dem Horizont, auf der „guten Seite des Mondes", wieder auftauchten, den Kontakt mit Houston wieder aufnehmen und damit die Distanz und damit auch den Raum wieder ungültig machen konnten.

Freilich total war der Sieg des Raums bzw. die Niederlage der Astronauten auch während der Stunden, die sie hinter dem Mond verbringen mußten, nicht. Denn in die Unermeßlichkeit und die Unerreichbarkeit dieses Raumes hatten sie sich ja immer nur auf Grund einer ihnen von hier unten erteilten Anweisung hineingetraut, und nur dann, wenn sie auf Grund der ihnen mitgegebenen oder mitgeteilten Kalkulationen und der technischen Mittel damit rechnen konnten, aus dem Dunkel, in das sie eintauchten, ins Licht zurückzukehren. Sie hatten also den Raum überlisten und sich die vorübergehende Niederlage stets *leisten* können. Da die irdische Mitgift auch hinter dem Monde funktionierte und den Kontakt mit der Erde ersetzte, gewissermaßen ein *„Ding gewordener Kontakt"* war, hatten sie auch hinter dem Monde noch immer ein Recht darauf, zu erwarten, daß sie in dem auf der Erde bestimmten und berechneten Augenblick und an dem auf der Erde bestimmten und berechneten Punkt die „Schwelle vom Raum zum Kontakt" überschreiten und damit von neuem zuhause ankommen würden.[1] Die Tatsache, daß sie es sich erlauben konnten, auf den Kontakt mit uns Irdischen und auf die Kontrolle durch uns Irdische vorübergehend zu verzichten, hat etwas unbestreitbar Großartiges an sich. Da sie wußten, daß wir hier unten sogar die Dauer der Kontaktlosigkeit und deren Unkontrollierbarkeit genau einkalkuliert hatten, durften sie sich jedes Mal, wenn sie in den Raum ihrer Niederlage einschwenkten, bereits im vorhinein als Sieger fühlen.

§ 49. Wechsel zwischen Raum und Nichtraum

Wie gesagt: „Kontakt" bedeutet Annullierung räumlichen Abstandes, und damit des Raums als solchen. Kontaktabbruch daher Konstituierung von Abstand, und damit Konstituierung von Raum. Akzeptiert man diesen Sinn von Raum als legitim, dann ist es gleichfalls legitim, nein sogar erforderlich, festzustellen, daß sich die um den Mond rotierende Kapsel immer abwechselnd im Raum und (wie unsinnig das auch klingen mag) nicht im Raum aufgehalten habe. Solange die Kreisenden auf der guten Seite des Mondes, also in Kontakt mit der Erde blieben, solange war die Distanz überbrückt, der Raum mithin annulliert. In Raum gerieten sie immer erst dann, wenn sie auf die „schlechte Seite des Mondes" hinüberschwenkten. Freilich – und das ist eine wichtige Einschränkung – ist das Zurückschwenken in den Raum niemals ad libitum vor sich gegangen, sondern immer nur nachdem die Piloten ein grünes Licht von der texanischen

[1] Im übrigen wird es gewiß eines Tages möglich sein, durch Zwischenschaltungen eines Satelliten einen Dreieckskontakt mit der Erde auch während des Aufenthaltes hinter dem Monde aufrechtzuerhalten.

Bodenstation, mit der sie in Kontakt standen, empfangen hatten. Trotzdem gilt: Was bei den Umrundungen alternierte, war nicht nur Kontakt und Kontaktlosigkeit, sondern auch Unräumlichkeit und Raum.

Während die Kapsel den Mond zum dritten oder vierten Male umkreiste, teilte ein der Bodenstation zugehöriger Sprecher dem wachen Borman mit, daß man „hier unten" den Anders schnarchen hören könne. Dem neben Anders in der Kapsel liegenden Borman war dieses Schnarchen nicht weiter aufgefallen. (Und vermutlich wäre es dem Sprecher unten ebensowenig aufgefallen, wenn einer seiner Kollegen im Nebenraum geschnarcht hätte.) Die Distanz von 200 000 Meilen zwischen dem Mann in Houston und dem in der Kapsel liegenden Anders war ausgelöscht, da der Kontakt ja funktionierte. Nicht ausgelöscht war dagegen die Halbmeter-Distanz zwischen Borman und Anders. Wie absurd das auch klingen mag, aber wahr ist nicht allein, daß dieser halbe Meter zwischen den zwei Astronauten eine größere Entfernung darstellte als die 200 000 Meilen zwischen Houston und den Kosmonauten; sondern sogar, daß, mindestens im akustischen Sinne, der halbe Meter zwischen den zwei Kosmonauten, da zwischen diesen keine Kommunikation stattfand, „Raum" im Sinne von „Abstand" war; daß dagegen der akustische Abstand zwischen Houston und der Kapsel, da er sich ja überbrücken, also annullieren ließ, *keinen* Raum mehr darstellte.

§ 50. Wie geht es mir?

Eine witzige New Yorker Anekdote lautet: Auf dem Wege zu ihren Offices im 50. und 51. Stock treffen zwei Psychoanalytiker einander zufällig im Fahrstuhl. „Hallo!" begrüßt der erste den zweiten, „Ihnen geht es ja ausgezeichnet! Und wie geht es mir?" – „Danke für die Nachfrage!" erwidert der zweite, „auch Ihnen geht es ausgezeichnet!"

Der Witz hat, wahrhaftig außerhalb der Psychoanalyse, nämlich im Weltraum, Realität angenommen. Was uns selbstverständlich erscheint: daß man selbst unmittelbar spürt, wie es einem geht, und daß man, um das zu wissen, noch nicht einmal bei sich selbst anzufragen braucht, das gilt offenbar nicht mehr; Selbsterkenntnis scheint abgeschafft. – „*Wie geht es mir?*" fragte Aldrin, nachdem er seine Mondsteine aufgesammelt und sein provisorisches Zuhause, den ‚Eagle', wieder betreten hatte, hinunter, nämlich in das 400 000 Kilometer entfernte Houston. Und unverzüglich antwortete von dort ein Arzt, der, obwohl es im Eagle kein Bett gab, an Aldrins „Bettrand" zu sitzen schien: „Don't worry, old boy, Blutdruck normal, Puls normal, you couldn't be in better shape." („Unbesorgt, alter Junge ... dir könnte es garnicht besser gehen.") Man sieht: Es geht nichts über nahe Freunde. Und hätte Aldrin Goethe gekannt, dann wäre ihm vielleicht sogar die Idee gekommen, als erster Mensch vom Mond aus die ursprünglich „an den Mond" adressierten berühmten Worte zu zitieren, in denen die Seligkeit, einen Freund am Busen zu halten, gepriesen wird.

§ 51. Das Interview

Zu den großartigsten Leistungen der heutigen Technik gehört, wie schon mehrmals betont, deren Fähigkeit, sich selbst gewissermaßen „zurückzunehmen". Der Rückflug der drei Astronauten vom Mond und das sekündlich sich steigernde Accelerando ihres Sturzes erdenwärts war als technische Leistung gewiß respekteinflößend genug.

Noch eindrucksvoller aber war es, daß die drei über die Tatsache ihres rasenden Sturzes wie über eine quantité négligeable hinweggingen und sich mit dem Bodenpersonal in Houston so unterhalten konnten, als wenn sie die Sturzbewegung ihrer Kapsel so wenig gespürt hätten, wie ihre Sprachpartner auf der Erde deren Bewegung spürten, also so, als wenn sie diesen in reglos dastehenden Fauteuils gegenübergesessen hätten. Tatsächlich war es ihnen ja am 23. 11. 1969, kurz vor ihrer „Wasserung", möglich, aus dem Weltraum Presseleuten ein Interview zu geben; und den Stimmen der Stürzenden war ihr Sturz ebensowenig anzumerken wie den Stimmen der Interviewer, daß sie von einem durch den Weltraum sausenden Planeten zu der ihnen entgegensausenden Kapsel aufstiegen. Das Ganze schien sich, wenn man die Augen schloß und sich ausschließlich dem akustischen Eindruck überließ, in einem völlig stationären Klubraum abzuspielen.

So also gelang es der Technik, ihre eigene Leistung: nämlich die rasende Durchquerung des außerirdischen Raums, zu neutralisieren. – Zusätzlich sonderbar, um nicht zu sagen paradox, war es, daß die Astronauten die Chance dieser potenzierten technischen Leistung dazu benutzten, um sich über ein technisches Manko zu beschweren: um nämlich nach unten mitzuteilen, daß die Raketen durchaus nicht blitzsicher seien; und daß sie sich, solange dieser Mangel nicht behoben sei, weigern würden, sich jemals wieder während eines Gewitters in den Weltraum schießen zu lassen.

Man bedenke, wieviel aufs perfekteste funktionierende Technik vonnöten war, um die Drei in die Lage zu versetzen, sich über eine technische Defizienz zu beklagen!

§ 52. Abwesend weil anwesend

Ihren Höhepunkt hat die Dialektik von Anwesenheit und Abwesenheit in der Tatsache gefunden, daß einer von denen, die (sofern ein Superlativ hier erlaubt ist) „am meisten" anwesend und dabei waren, gerade deshalb, *weil* er dabei war, *nicht* dabei war. Ich spreche von Collins, der während des Abstiegs seiner zwei Kollegen zum Monde weiter um den Mond zu rotieren hatte, dem sich also nicht die Gelegenheit bot, das Gelingen oder Mißlingen seiner Freunde mitzuverfolgen. Im Unterschied zu uns hier unten stand ihm kein Fernseher zur Verfügung. In diesem Sinne war er von dem Geschehen auf dem Monde viel weiter entfernt als wir. Ihm ging es ganz so wie jenen Kämpfenden in Tolstois „Krieg und Frieden", die, weil sie mitkämpften, außerstande blieben, zu beurteilen, ob sie an einem Siege teilnahmen oder an einer Niederlage.

VI

Pseudo-Religion

§ 53. Die Technik erfüllt den Mythos

Die heute wirklich gelingenden Flug-Aktionen scheinen sich an die mythischen Unternehmungen, namentlich an die von Ikaros und Daedalos anzuschließen – nur daß diese gescheitert sind, sogar so spektakulär gescheitert sind, daß deren Scheitern auch heute noch berühmt ist; während die heutigen Unternehmungen von Erfolg gekrönt sind, tatsächlich von so spektakulärem, daß die Namen der heute schon großen Zahl von erfolgreichen Weltraumfliegern und -spaziergängern, selbst die Namen der Helden des vorigen Monats, bereits zu verlöschen beginnen.[1]

Das klingt paradox. Aber Großtaten scheinen, wenn sie gelingen, *durch* dieses ihr Gelingen an Glanz zu verlieren, sie werden von der Realität verschluckt oder nivelliert, mindestens werden sie zu banal, als daß sie noch Anspruch darauf erheben könnten, mit mythischen Leistungen in einem Atem genannt zu werden. In das Reich des Mythisch-Großen und in das Kollektivgedächtnis der Menschheit gehen als „salonfähig" fast nur Scheiternde ein, eine Tatsache, die sich aus dem auch heute noch im Begriff des „tragischen Helden" erkennbaren Zusammenhang zwischen Mythos und Opfer erklärt.[2] Für die Hüter der „Kultur" ist es jedenfalls selbstverständlich, daß Sagen, die von

[1] Nachtrag 30. Mai: ‚Die Zeit' meldet, daß unter den von Quizmaster Kulenkampff im Fernsehen befragten Kandidaten nicht ein einziger gewesen sei, der die Mitglieder von Apollo 10 beim Namen hätte nennen können.

[2] Durch eine Inversion der Aussage: „Der sich opfernde Held geht zugrunde" wird: „Der Zugrundegehende ist ein sich opfernder Held". Dieser Inversion verdanken alle Heldendenkmäler der zwei Weltkriege ihr Dasein.

mißlungenen Heroenleistungen berichten, wie der Mythos des Ikaros, „Kulturgüter“ darstellen, während wirkliche Flüge bestenfalls in die Chronik der „technischen Zivilisation“ eingetragen werden.[1] Warum eigentlich? Warum sollten die gestrigen Sehnsuchtsträume vom Fliegen etwas Besseres, Nobleres, Kultivierteres sein als die heutigen wirklichen Erfüllungen dieser kollektiven Sehnsüchte? Ist Fiktivität vielleicht ein Adelsprädikat, Verwirklichung ein Manko?

Machen wir uns von diesen Kulturvorurteilen frei. Nicht nur gilt, daß die enormen Leistungen, die der Technik von heute gelungen sind, die Träume der Menschheit genauso deutlich enthüllen, wie das die Mythen und Märchen der Vorzeit getan hatten, sondern außerdem, daß sie diese Träume *erfüllen.* Mit ruhigstem Gewissen dürfen wir sogar erklären, daß die Kosmonauten, da sie die Region der Erde verlassen und über dieser geschwebt, jedenfalls außerhalb dieser rotiert haben, eine wirkliche „Himmelfahrt“ unternommen haben und wirklich ins „Überirdische“ vorgestoßen sind; so wirklich, daß wir eigentlich auf die Anführungszeichen beim Schreiben der Worte „Himmelfahrt“ und „überirdisch“ verzichten dürfen.

Natürlich werden alle Verschmockten die Verwendung dieser zwei Wörter unerträglich finden, nämlich unerträglich respektlos. Die Wörter, so werden sie einwenden, seien seit eh und je nobel und für Religiöses und Mythisches reserviert gewesen. Wenn sie metaphorisch zur Bezeichnung von gelungenen Mondumkreisungen oder von Reisen in Regionen, in die wir wirklich aufsteigen können, verwendet würden, dann kämen sie elend „herunter“.

Aber ist nicht gerade dieser Einwand widersinnig? Und unerträglich hochmütig? Hat dieser Hochmut irgendeine Berechtigung? Und was das Metaphorische anbelangt – ist denn die Verwendung, die wir hier von den Ausdrücken „Himmelfahrt“ und „überirdisch“ machen, metaphorisch? Ist nicht umgekehrt die bisherige Verwendung dieser Wörter immer nur metaphorisch gewesen? – Und was deren Nobilität betrifft – warum sollten Ideen denn nur solange nobel sein, als ihnen *keine* Ver-

[1] Siehe d. Verf. ‚Philosophische Stenogramme‘, S. 67.

wirklichung korrespondiert? Und warum spricht man von „heruntergekommen", wenn es Menschen gelingt, aus dem Himmel wirklich *herunterzukommen*, nämlich zurück zur Erde? War Ikaros wirklich deshalb etwas Höheres als die heutigen Himmelsreisenden, weil er kläglich in die Tiefe stürzte, während den heutigen ihre Himmelfahrt, die Fahrt ins Überirdische, wirklich gelingt, und sie sogar, statt irgendwo im Meer zugrundezugehen, fähig sind, genau an derjenigen Stelle, die sie, beziehungsweise die Programmierer in Houston, dafür vorgesehen hatten, zu landen beziehungsweise gelandet zu werden?

Zwar trifft es zu, daß allein Mißlingen salonfähig macht, Gelingen dagegen als banal und vulgär gilt, und daß Sterben mythische Unsterblichkeit verbürgt, Erfolg und Überleben dagegen den Prestige-Tod. Aber daß das zutrifft, ist eine Schande. Ich weigere mich zu behaupten, den Kosmonauten sei es nicht geglückt, so „perfekt zu scheitern", wie dem Ikarus. Und darum seien sie weniger als dieser.

Danach ist klar: nichts liegt mir, wenn ich die Ausdrücke „Himmelfahrt" und „überirdisch" verwende, ferner, als den kosmonautischen Leistungen der Apollo-Piloten religiöse oder mythologische Bedeutung zuzusprechen, oder dieses Fehlen als ein Manko zu betrachten. Umgekehrt meine ich, daß der Flug zu den Gestirnen Jahrtausende lang nur *faute de mieux der Religion* oder der Mythologie zugehört hatte, also nur deshalb, weil man sich mit Träumen hatte begnügen müssen, weil wirklich zu fliegen *nicht* gelungen war. Wenn diese Behauptung zutrifft, dann gilt zugleich, daß sich die Fiktionen heute, am Tage des wirklichen Gelingens, erübrigen, daß die Verwirklichung, da sie die Notwendigkeit des Träumens aufhebt, auch das Träumen selbst, im Hegelschen Doppelsinne, aufhebt. Dieser Gedanke widerspricht freilich unseren Denkgewohnheiten. Denn usuell ist es, zu behaupten, daß die heutige Technik den ursprünglich mythisch, magisch oder religiös konzipierten Ideen, deren Säkularisierung durch Kunst oder Wissenschaft längst schon begonnen hatte, nun durch effektive Verwirklichung den endgültigen Ruin gebracht habe. Die Sache liegt umgekehrt: *die Technik hat die Mythen erfüllt.* Die heutige Technik ist kein Surrogat für diese, umgekehrt waren die Mythen Surrogate gewesen, mit denen unsere Vorfahren sich hatten zufriedengeben müssen. Der ursprüngliche Wunsch hatte auf wirkliches Fliegen, also auf denjenigen Zustand abgezielt, der nun effektiv verwirklicht worden ist.[1]

§ 54. Die Genesislektüre – ein Betrug

„We are now approaching the lunar sunrise" („nun wird gleich die Sonne über dem Mond aufgehen"), begann einer der Piloten auf einer der Mondumrundungen, „and for all the people back on earth the crew of Apollo 8 has a message that we would like to send you" („... und die Apollo-8-Mannschaft hat eine Botschaft, die sie allen Menschen unten auf der Erde zusenden möchte").

Welche Botschaft?

Die Stimme – es war die von William Anders – rezitierte die folgenden Worte: „In the beginning God created the heaven and the earth" – Genesis I 1 („Im Anfang schuf Gott Himmel und Erde"). Und überließ die Lesung nach einer Weile seinem Kameraden Lovell, bis dieser das Buch dem dritten, Borman, weiterreichte, der dann mit den Worten schloß: „God bless all of you, all of you on the good earth" („Gott segne Euch alle, die Ihr auf der guten Erde lebt").

Daß es großartig gewirkt, und auch uns beeindruckt hat, als die ersten Sätze des ersten Kapitels des ersten Buches Mose vom Himmel hoch zu uns herunterkamen, aus dem Munde von Spre-

[1] Betrachtet man die Entwicklung von Ikarus bis zu den Apollo-Flügen auf übliche Art, dann kann man sagen, die technische Realisierung der Himmelfahrt stelle die letzte und endgültige Säkularisierung der mythisch-religiösen Idee dar, und löse damit jene Stufe der Säkularisierung ab, die sich in der Form von Kunst verwirklicht hatte. – Als Stefan George vor 60 Jahren in seinem Gedicht ‚Entrückung' dichtete: *„Ich fühle luft von anderen planeten"*, und als Schönberg diese Worte in sein zweites Streichquartett einbaute, da hatten die zwei das Überirdische natürlich auch schon der Religion oder den Mythen „entrückt", nämlich der Dichtung und der Musik einverleibt. Wenn man das Wort „überirdisch" für unantastbar hält,

chern, deren Text von der gerade über der Mondlandschaft aufgehenden Sonne angeleuchtet wurde, und die, wenn sie durch ihr Bordfenster blickten, saphirblau und einem riesigen Schulglobus ähnelnd, den Erdball in der schwarzen Leere schweben sahen – daß das großartig gewirkt hat, das bestreiten wir nicht. Aber sind wir da nicht fürchterlich hereingefallen? War nicht diese Veranstaltung ein kolossaler Regietrick? Einfach ein Additions-Arrangement von jener abgeschmackten Art, wie sie bei der Herstellung von Kulturfilmen üblich ist (Neunte Symphonie plus Alpenglühen oder Sibeliusmusik plus Morgengrauen über dem Meere)? Und darüber hinaus – was noch schlimmer ist als derartige Abgeschmacktheiten – war diese Veranstaltung nicht einfach ein Betrug? Nämlich ein schwindelhaftes quid pro quo von Himmel = sky und Himmel = heavens? Hatten denn die aus dem Himmel kommenden Stimmen irgendetwas, gar irgendetwas Beweiskräftiges, mit der creatio ex nihilo zu tun? Mit der Weltschöpfung, von der die Bibelstelle handelte? War das nicht ein Versuch der Ingenieure, den Fundamentalisten und den Betschwestern unten auf der Erde zu schmeicheln? Ein Versuch, diesen einzureden, daß die Selbstherrlichkeit der technischen Leistung letztlich eine gottgefällige, sogar eine Art von sakraler Handlung sei? Benutzte man nicht das Bibelwort als Zuckerguß für die Apparatur? Hätte es nicht andere Botschaften gegeben, die uns zuzusenden redlicher gewesen wäre und dem Unternehmen angemessener? War es denn überhaupt nötig, eine Botschaft hinunterzuschicken? Stellte denn nicht der Flug als solcher schon eine Botschaft dar, und sogar eine ersten Ranges, nämlich eine über die Spitzenleistungen des technischen Zeitalters?

Erinnern wir uns an die angeblich witzige Mitteilung des ersten

dann müßte man gegen dessen Verwendung in der Kunst oder in der Philosophie ebenso schroff protestieren wie gegen dessen Verwendung zur Bezeichnung der heutigen technischen Leistungen, die uns tatsächlich über die Sphäre des Irdischen hinaustragen. Aber warum sollte unsere heutige Fähigkeit, uns in der „Luft“ (bzw. in der Luftlosigkeit) anderer Planeten aufzuhalten, weniger sein als das bloße „Fühlen“ Georges oder Schönbergs? Und warum sollte das Surrogat etwas Besseres sein als das, was es substituiert?

sowjetischen Kosmonauten, er habe oben im Himmel nach Gott Ausschau gehalten, aber „leider Gottes" völlig vergebens. Nun, lustig oder tiefsinnig war dieser Ausspruch gewiß nicht, sogar seicht, genau das, was man unter „Aufkläricht" versteht. Aber beweist diese Seichtigkeit etwa, daß es mehr Niveau oder mehr Tiefe bezeuge, wenn man den Raumflug für den entgegengesetzten Zweck mißbraucht: nämlich um die Existenz Gottes oder die Welt als dessen herrliche Schöpfung zu beweisen, oder um mindestens vage religiöse Gefühle zu erzeugen? Im Gegenteil, es gibt eine Art von „Tiefe", die ungleich seichter ist als die seichteste Aufklärung, und eine Art von Feierlichkeit, die ungleich vulgärer ist als die vulgärste Religionsverhöhnung. Wäre ich gezwungen, zwischen den zwei Dummheiten: der höhnischen und der feierlichen, zu wählen, ich würde mich gewiß für die höhnische entscheiden, da ich mich damit mindestens keiner Unwahrheit schuldig machen würde. –

Keine Frage: Wenn die grandiosen Leistungen der Raumflüge möglich geworden sind, dann allein aufgrund der Entwicklung der modernen Naturwissenschaften, deren erstes Apriori gerade die *entgottete Welt* ist, das heißt die Voraussetzung, daß die Welt rein weltlich sei, ein lückenlos nach festen Regeln funktionierendes System, in das von außen her stattfindende Eingriffe undenkbar sind. Trotz ihrer Genesis-Rezitation haben sich die Astronauten während ihres Fluges auf die Physik verlassen, nicht auf Gott, in dessen Hand sie sich wohl, wäre diese die einzige Hand gewesen, von der sie sich geschützt gewußt hätten, außerordentlich mulmig gefühlt hätten. – Dazu kommt, daß das Stück Welt, das sie auf ihrer Reise kennenlernten, derjenigen Weltsicht, die in Genesis I 1 zum Ausdruck kommt, einfach widerspricht. Denn die Erde, die sie sahen, verriet ja nichts von ihrer angeblichen Vorzugsstellung, und die anderen Himmelskörper gaben ja nicht den mindesten Hinweis darauf, daß Gott sie, wie Vers 17 behauptet, nur deshalb ins Sein gerufen habe, um der Erde Licht zu verleihen. Was sie sahen, war vielmehr *die kosmische Mittelmäßigkeit und Provinzialität unserer Erde,* also die Tatsache, daß sie ein Himmelskörper unter zahllosen anderen ist.

Man mißverstehe nicht. Es geht hier nicht um die Kosmologie

des Alten Testaments. Gegen diese zu protestieren wäre lächerlich. Wogegen ich polemisiere, ist vielmehr, daß die technische Leistung des Menschen, die keinen Rest der biblischen Weltsicht mehr enthält, dazu benutzt wird, um die Gültigkeit der biblischen Kosmologie zu bestätigen.

Die Weltanschauung, die hinter der abenteuerlichen und wahrhaftig Mythengröße erreichenden Leistung der Raumflüge steht, ist weder die der Schöpfungsgeschichte, noch die der ptolemäischen Konstruktion, sondern die kopernikanische, die, als sie noch jung war, von der Kirche bekämpft worden war, und zwar sehr begreiflicherweise, da sie eben dem Schöpfungsbericht der Bibel widersprach. Dem kopernikanischen Modell, das (wie immer sich die Astrophysik seit den Tagen ihrer ersten Formulierung gewandelt haben mag) auch heute noch gilt, da es eben das Modell der nicht-geozentrischen Theorie ist – diesem Modell heute noch zu widersprechen, ist natürlich unmöglich geworden. Auch die meisten Kirchen verzichten heute ja darauf, das kopernikanische Modell eigens anzugreifen. Nur bedeutet dieser Verzicht noch nicht, daß der Schöpfungsmythos endgültig über Bord geworfen worden sei. So unverblümt spielen sich Religions- und Kirchengeschichte nicht ab. Erst einmal wird – und dieses „Erst einmal" kann sogar Jahrhunderte währen – der Versuch unternommen, die zwei Ansichten, auch wenn sie einander schroff widersprechen, gleichzeitig als gültig zu behandeln. Und je bewußter „pluralistisch" und je stolzer auf ihren Pluralismus eine Kultur ist, um so ungenierter tut sie das. Genauso, wie es Theokrasien gibt, also Figuren, die durch die Mischung einander fremder, sogar einander widersprechender, Gottheiten entstehen, ebenso gibt es – ein terminus technicus dafür fehlt – *Legierungen, die durch die Mischung von Glaube und Unglaube entstehen*. Und eine solche Legierung liegt hier vor. Höchst erfolgreich versucht unsere Epoche, „to have its cake and eat it, too", dem Schöpfungsmythos nicht wehe zu tun, zugleich aber ein rein wissenschaftliches Weltbild aufrechtzuerhalten, Bibel und Kopernikus zu amalgamieren und beiden gleichzeitig recht zu geben. Da man diese Mischoperation für ein Millionenpublikum veranstaltet, erspart man es sich, mühselige Subtilitäten, spekulative Synthesen oder Generalnenner zu erfinden, die die einander ausschließenden Weltanschauungen auch nur dem Schein nach versöhnen würden. Vielmehr beschränkt man sich auf das Gröbste, das heißt, darauf, das Sowohl-als-auch einfach zu *beteuern*. Und, pragmatisch gesprochen, hat man auch völlig recht, das Millionenpublikum mit einer bloßen Beteuerung abzuspeisen, denn natürlich weiß man, daß wenn Genesis I aus der Mondkapsel in unsere Wohnzimmer hinunterschallt, niemand den Widerspruch entdecken werde, nein niemand auch nur auf den Gedanken kommen werde, sich zu fragen, ob die zwei Elemente auch wirklich rechtmäßig zusammengehören. Da Genesis I und die sausende Kapsel im gleichen Augenblick und gewissermaßen als einziger Gegenstand konsumiert werden, ist die Antwort auf die Frage nach der Legitimität der Zusammengehörigkeit bereits gegeben, noch ehe die Frage überhaupt gestellt worden war. Und Beweise, die psychologisch zwingender scheinen als solche „Konsumbeweise", und Antworten, die überzeugender wären als diejenigen, die den Fragen vorausgehen und diese dadurch im Keim abtöten, gibt es nicht.

Man glaube aber nur nicht, daß diese unnatürliche Amalgamierung von Frömmigkeit und Technologie nur den Analphabeten und Bilderbuchlesern vorgesetzt wird. Was den Fernsehern recht ist, das ist den Konsumenten der Druckerzeugnisse billig. Selbst so nüchterne Zeitschriften wie Newsweek können sich nicht zurückhalten, diesen Akkord von Gott und Apparat ebenfalls anzuschlagen, also aus der zufälligen zeitlichen Koinzidenz der Mondreise mit dem Datum Weihnachten Kapital zu schlagen. „*. . . a parallel cannot be denied*", heißt es da, eine Woche nach dem Fest, „through the December nights three men guided by the stars are seeking man's destiny and hope" („ein Parallelismus kann nicht bestritten werden . . . durch die Dezembernächte ziehen drei Männer, die ihren Leitsternen folgen, und sind auf der Suche nach der Bestimmung und der Hoffnung der Menschheit"). Der Generalnenner, den da die Newsweek-Redaktion ausgebrütet hat, ist wirklich so sinnlos, daß kein Mensch, der diesen Satz liest, von sich aus auf den Gedanken kommen könnte, er solle die „heiligen drei Könige" bezeichnen, beziehungsweise die drei Astronauten, beziehungsweise die zwei Dreiergruppen zugleich. Gleich, ob man durch diese Parallelisierung versucht, die technische Leistung feierlich oder das religiöse Ereignis zeitgemäß zu machen, widerwärtig ist sie unter allen Umständen. Aber noch nicht das Widerwärtigste, was uns in diesem Zusammenhang vor Augen gekommen ist. Denn heute, zwei Monate nach dem Ereignis (Anfang März 69), ist bereits, wie Postmaster General Winton M. Blound mitteilt, „auf das Drängen der Bevölkerung hin" eine neue amerikanische Briefmarke im Handel, die den über der Mondlandschaft aufgehenden Erdglobus zeigt, während im Himmel die großen Worte der Schöpfungsgeschichte erscheinen: „In the beginning God ..." Nun ist also die falsche Synthese der zwei großartigsten, aber in absolut keiner Verbindung miteinander stehenden Leistungen der Menschheit gelungen: die Schöpfungsgeschichte und die Mondumkreisung sind in einem einzigen Bilde zusammengefaßt, in einem Bilde, das nun täglich in Millionen von Exemplaren verkauft wird, damit es von hinten geleckt und von vorne gestempelt werde. Jedes einzelne Exemplar ist 6 Cents wert. Mehr als Gott, die Schöpfung und den Mondflug kann man zu diesem Preis wirklich nicht verlangen.[1]

In diesen Zusammenhang gehört schließlich eine gerichtliche Klage, die viele Monate nach dieser Niederschrift, ein paar Tage vor dem Abschuß der Apollo-12-Rakete, gegen die NASA eingereicht worden ist. Die Klägerin, eine gewisse Miss Murray O'Hair, eine überzeugte Atheistin, der die verfassungsmäßig verbürgte Trennung von Kirche und Staat am Herzen liegt, hat daran Anstoß genommen, daß der Astronaut Alan Bean, wie

[1] Ihren Höhepunkt erreicht die Pseudosynthese von Religion und Technik in den Worten von Wernher von Braun selbst. Er schreibt: „Mit diesem Schritt" (sc. dem Eintritt des Menschen in den Weltenraum) „wird unser alter Planet Erde zu einer der vielen Welten, die der Schöpfer in seinem weiten Himmelsraum ausgestreut hat ... ‚Die Himmel rühmen des Ewigen Ehre', heißt es in einem Chorsatz Beethovens. Ich möchte den Schöpfer und seine Schöpfung als eine Einheit betrachten können. Für mich sind Wissenschaft und Religion gleichsam zwei Fenster eines Hauses, durch die wir auf die Wirklichkeit des

bekannt geworden sei, vorhabe, eine kleine Kirchenfahne auf den Mond mit hinauf zu nehmen. Die Weltraumbehörde sei eine staatliche, durch Steuermittel der Staatsbürger geschaffene Organisation, die unter keinen Umständen für „religiöse Zeremonien" mißbraucht werden dürfte. Oder habe man etwa vor, so fragt Miss O'Hair in etwas lahmer Ironie, den Mond für Jesus Christus zu erobern?

Das Mißverständnis der Klägerin liegt auf der Hand. Denn was hier vor sich geht, ist nicht eine heimliche Förderung kirchlicher oder religiöser Interessen durch die Weltraumbehörde; umgekehrt die Förderung der Popularität der Weltraumfahrt durch deren Ausschmückung mit kirchlichen oder religiösen Symbolen. Die weltliche Macht bedient sich hier der Kirche, aber sie dient dieser nicht. Logisch wäre allein eine Klage gegen die Kirche, der Vorwurf, daß diese sich für einen rein weltlichen Zweck ausnutzen lasse.

§ 55. Das geschmuggelte Sakrament

Freilich, zu behaupten, daß der Weltraumflug, von der Landung auf dem Mond zu schweigen, keine Bedeutung für die Religion oder für die Religionen habe, das wäre verfrüht. Sind diese Leistungen auch keine religiösen Ereignisse oder Ereignisse von religiöser Beweis- oder Bestätigungskraft, so sind sie doch vielleicht nicht ohne Wirkung auf die existierenden Religionen. Zwei Beispiele, von denen das eine den Effekt der Kosmonautik auf eine rituale Handlung, und das andere den Effekt auf einen Gebetstext demonstriert.

1. Erst ein paar Wochen nach der ersten Mondlandung hatte es sich herumgesprochen, daß einer der Astronauten, nämlich

Schöpfers und die in seiner Schöpfung offenbarten Gesetze hinausblicken." – Bekanntlich hat Windelband einmal erklärt, daß er bei der Lektüre von Haeckels ‚Welträtsel' bis zu den Haarspitzen errötet sei. So geht es uns heute, gleich ob wir Physiker, Philosophen, Geistliche oder Agnostiker sind, wenn wir von Brauns banalen, schlechthin ununterbietbaren Tiefsinn lesen. (Zitate aus ‚Das Gewissen', Juni 69)

Aldrin, vor Antritt seines Fluges die kirchliche Erlaubnis eingeholt hatte, die für das Sakrament des Abendmahls erforderlichen Minima mit hinaufzunehmen. Die Tatsache, daß er (wohl heimlich, denn daß die NASA ihm dafür die Erlaubnis gegeben hätte, das ist nicht sehr wahrscheinlich) Brot und Wein über die Grenze der Erde auf den Mond hinaufgeschmuggelt hat – man stelle sich vor: das Sakrament, der Leib des Herrn, als Schmuggelware – und daß er sich, auf dem Mond angekommen, mit der Erlaubnis, die er auf seinem Muttergestirn eingeholt hatte, dieser Ware selbst bedient hat (*wie*, das bleibt ein Rätsel, da er ja weder über eine freie Hand noch über einen freien Mund verfügte) diese Tatsache ist nicht nur surrealistischer als alle von surrealistischen Malern oder Dichtern jemals ausgedachten Szenen, und surrealistischer als alle bekannten Happenings, sondern auch ritualgeschichtlich präzedenzlos. In gewissem Sinne setzte diese Aktion zwar den traditionellen Stil der Conquistadores fort, denn für diese war es ja selbstverständlich, ihre Gebietseroberungen und ihre Genocide mit der Taufe der übrigbleibenden Eingeborenen dieser Gebiete zu kombinieren. Aber da der fromme Aldrin nicht damit rechnen konnte, eingeborene Lunaner zu finden, die er hätte unterwerfen und taufen können, blieb ihm nichts anderes übrig, als die sakramentale Handlung an sich selbst vorzunehmen und zu hoffen, durch diese Handlung den Mond mitzuchristianisieren. Und das war, wie gesagt, etwas in der Ritualgeschichte absolut Erstmaliges.[1]

2. Die Absurdität dieser präzedenzlosen rituellen Handlung wird noch überboten durch die von Handlungen, zu denen sich eigentlich ganz Unbeteiligte, höchstens ganz mittelbar Beteiligte, bloße Zeitgenossen der Mondlandungen, veranlaßt sehen. Schon vor zehn Jahren hatte in weiser Voraussicht das israelische Militär-Rabbinat eine Konferenz von Rabbinern einberufen, um

[1] Ungleich unorigineller und primitiver ist die Reaktion des Baptistenpfarrers Earl Bigelow aus Castro Valley, California, der in der Eroberung des Mondes einfach die Eroberung eines neuen Landes sieht, eines Landes in dem es an baptistischen Kirchen so wenig fehlen darf wie beispielsweise in Schweden oder in Südafrika. Dieser Pfarrer Bigelow hat nämlich, wie die Süddeutsche Zeitung vom 27. August mitteilte, eine „Sammlung zur Finanzierung einer Missionsarbeit auf

das an Kompliziertheit alle bisherigen talmudischen Fragen in den Schatten stellende Problem durchzudiskutieren, wie um Gottes Willen ein eventuell auf den Mond geratener orthodoxer Astronaut den Schabbath halten, nein auch nur, wie er den Schabbath dann erkennen könne, da ja hienieden dieser Feiertag durch die 24 Stunden in Anspruch nehmenden Achsendrehungen der Erde bestimmt werde, während die Achsendrehung des Mondes 29 Tage brauche. Und auch heute ist das Rabbinat, obwohl es dort wohl akutere Probleme zu diskutieren gäbe, wieder aufs konzentrierteste mit dem niemals vorhersehbar gewesenen Problem beschäftigt, was aus dem nach Beendigung des Versöhnungstages rituell gesprochenen Gebettexte: „So, wie ich dir, Mond, entgegentanze und dich nicht berühren kann, so sollen auch meine Feinde mich nicht in Bosheit berühren können" werden solle. – Angeblich hat man sich, da der Mond unterdessen berührbar geworden ist, da also der Vergleich mit der Unberührbarkeit des Mondes seine Wahrheit eingebüßt hat, dazu entschlossen, aufgrund der tröstlichen Tatsache, daß der Mond vorerst noch zu den weniger frequentierten Reisezielen gehört und bis dato nur von wenigen Zeitgenossen berührt wird, beinahe wie früher zu beten, nämlich: „So wie ich dir, Mond, entgegentanze und dich nicht berühre, so sollen auch meine Feinde mich nicht in Bosheit berühren." Die Frage, ob diese Textvariante lange ausreichen wird, die kann bei der Unbekanntheit des morgigen Reiseverkehrs zwischen Erde und Mond noch nicht zuverlässig entschieden werden.

Noch einmal: Religiöse Funktion kommt den Reisen in den Himmel oder den Landungen auf dem Monde nicht zu. Weder sind diese religiöse Ereignisse, noch mögliche Bestätigungen angeblich religiöser Tatsachen, noch Quellen religiöser Erfahrung.

dem Mond" gestartet und generös den ersten Dollar gespendet. Ziel der Aktion ist es zunächst, eine Bibel auf dem Erdtrabanten niederzulegen. „Später soll dann auch eine Kirche errichtet werden." – Man sieht: In diesem Falle hat sich der bisher geltende Missionsstil nicht geändert, der Mond ist einfach ein dem Glauben noch nicht gewonnenes Land wie andere Länder auch. Und worum es Pastor Bigelow geht, ist einfach, der alten Kirche ein neues Terrain zu sichern.

Wahrscheinlich ist es allerdings, daß diese Reisen und Landungen die aus vor-kopernikanischen oder gar aus vor-ptolemäischen Zeiten bestehenden Religionen und deren Ritualien in die größten Schwierigkeiten versetzen werden. Durchaus denkbar, daß es orthodoxe Anhänger von Religionen, in denen der Mond eine entscheidende Rolle spielt, gibt, die die Mondlandungen genauso wenig wahr haben wollen und wahr haben dürfen, wie der Vatikan ursprünglich den Kopernikanismus hatte wahr haben wollen und dürfen; und daß diese den Armstrong und Aldrin genauso verabscheuen, wie die Kirche Giordano Bruno oder Galileo Galilei verabscheut hatte. Über die Verwandlung des lyrischen, „Busch und Tal füllenden" Glanzes des Mondes durch dessen Eroberung haben sich einige Zeitkritiker bereits zu Recht Gedanken gemacht. Aber noch nirgendwo habe ich etwas über die gewiß sehr schweren seelischen Störungen gelesen, die bei den (zwar nicht mehr zahlreichen, aber in Resten doch noch vorhandenen) Anhängern von Naturreligionen durch die Tatsache der Eroberung des Mondes eingetreten sind oder gewiß eintreten werden.

§ 56. Technik und Aberglaube

Es wäre ein Vorurteil, nein es ist ein Vorurteil, zu glauben, daß Wissenschafts- bzw. Technikkult und Aberglaube einander ausschließen. Was einander wirklich ausschließt, sind Aberglaube und Philosophie. Die reine Naturwissenschaft dagegen, die metaphysische Fragen nicht nur nicht beantwortet, sondern es sogar für unsinnig und unseriös hält, Fragen, die naturwissenschaftlich nicht formuliert werden können, auch nur zu stellen, die spart durch diese ihre törichte, um nicht zu sagen: abergläubisch antiphilosophische Askese ein Vakuum aus, in das Aberglaube ungehemmt einströmen kann. Es ist kein Zufall, daß im Amerika des Technikkults die Biographie der „Wahrsagerin" J. Dixon, die behauptet, Kennedys Ermordung in Dallas vorausgesehen zu haben, in einer Auflage von 300 000 Exemplaren die Spitzenposition auf den amerikanischen Bestsellerlisten einnimmt.

Nun könnte man einwenden, die Wissenschaftler bzw. Techniker seien nicht die Leser eines solchen Buches. Selbst wenn dieser Einwand wahr wäre, dann wäre es noch immer auffällig, daß in ein und derselben Gesellschaft einerseits der reine Technikkult, andererseits der pure Aberglaube so erfolgreich ist. Aber der Einwand trifft nicht zu, denn die zwei „Weltanschauungen" überlappen unbestreitbar. Es ist kaum zu glauben, aber am 10. März 1969 hatte die Bodenkontrollstation in Houston nichts Besseres zu tun, als den „zwilling-geborenen" Apollo-9-Kosmonauten James McDivitt und David Scott die Warnung in den Weltraum zuzusenden, um Gottes Willen in keinen Zank auszubrechen, und am Abend sei Geselligkeit zu empfehlen. Es scheint mir höchst unglaubhaft, daß es sich bei diesen Empfehlungen um bloßen Jux gehandelt habe, denn es ist immerhin mehr als erstaunlich, daß die Raumfahrtbehörde zehn Mitglieder der amerikanischen „Federation of Astrologists" dazu eingeladen hat, in Cap Kennedy dem Abschuß einer Apollo-12-Rakete beizuwohnen. Ganz gut scheint das Gewissen der NASA freilich nicht gewesen zu sein, denn sie betonte, die Astrologen hätten selbst den Wunsch geäußert, eingeladen zu werden. Aber diese Ausrede ist dürftig. Denn gehört hätte es sich für eine wissenschaftliche Institution, eine solche Selbsteinladung mit höflichem Hohn abzuweisen.

§ 57. Die Pseudo-Transzendenz

Es wäre sicherlich lohnend, einmal eingehend zu untersuchen, wie sich das Weltraumfahrt-Interesse, namentlich der astronautische Enthusiasmus, auf die Generationen und die sozialen Gruppen verteilt. Hier kann ich mich nur auf Mutmaßungen und Skizzierung beschränken, empirisches Material darüber kenne ich nicht. Aber gleichmäßig verteilt sich, so scheint mir, das Interesse nicht. Um mit den Generationen zu beginnen: Während die Sechzigjährigen das Gefühl haben, den Abschuß des ersten Sputnik erst gestern miterlebt zu haben und gerade am Anfang des Neubeginns zu stehen, ist die Raumfahrt für die heute Zwanzigjährigen bereits etwas beinahe Selbstverständliches. Dazu kommt, daß, während die Alten auf eine etwas unmoderne Art einer angeblichen Zukunft entgegenblicken und stolz darauf sind, deren Beginn mitzuerleben, die der Zukunft unbestreitbar näher stehenden Jüngeren gegenüber dem Wahn, daß technischer Fortschritt eo ipso Fortschritt darstelle, durchaus skeptisch bleiben und die Überlassung der Welt an die Technokraten verabscheuen. Das trifft gerade auf die Besten und Intelligentesten der jüngeren Generation, vor allem auf die akademische Jugend, zu. Je größer eine technische Leistung, das heißt: je größer die Versuchung, in ihr eine mehr als technische Leistung zu sehen, um so entschiedener und demonstrativer strafen sie diese mit ihrer Verachtung. Das gilt vor allem von jenen, heute bereits Millionen zählenden, sich als „links" klassifizierenden Jugendlichen, die, gleich wie feindlich sie einander in anderen Hinsichten gegenüberstehen mögen, einig sind in ihrer Überzeugung, daß die Kosmonautik einen Eskapismus darstellt, einen Versuch, die Aufmerksamkeit der Zeitgenossen von den wirklich brennenden Existenzfragen und moralischen Problemen, also zum Beispiel von Atomdrohung, Vietnamkrieg und Rassenkrise abzulenken. Mit Bestimmtheit weiß diese junge Generation, daß das Establishment beabsichtigt, das grauenhafte Bild seiner Intoleranz und seines terrestrischen Imperialismus durch das staunenerregende und blendende des kosmischen Imperialismus abzudecken – und wenn ich „blendend" sage, so meine ich das fast wörtlich, da es sich hier ja wirklich um den Versuch handelt, uns durch den Blick ins Weltall politisch, sozial und moralisch blind zu machen. – Desinteressiert am Mondflug sind ausnahmslos diejenigen, die es für wichtiger halten, einen großen Schritt aus der gegenwärtigen Misere der Menschheit hinein in eine bessere Zukunft zu tun, als den berühmt „kleinen Schritt" aus der Mondkapsel auf dem Mondboden. Der bereits im ersten Augenblick berühmt gewordene (wenn nicht zwecks Berühmtwerdens hergestellte und wie jeder andere Kosmonautenschritt tausendfach geprobte) Ausspruch Armstrongs: „That's one small step for man, but one giant leap for mankind" („das ist für den Menschen nur ein kleiner Schritt, aber für die Menschheit ein ungeheurer Sprung"), der würde erst dann wahr werden, wenn er weiterlauten würde: „away from the road that leads to its better future" („fort von der Straße, die in eine bessere Zukunft führt").

Ebenfalls desinteressiert am Raumflug sind die sanften Rebellen von heute, die flower children aller Couleurs. Deren Abweisung der kosmonautischen Eskapade hat freilich ihren Grund nicht in der Abweisung von Eskapaden überhaupt, nicht in entschiedener politischer Position – von einer solchen kann bei ihnen keine Rede sein – sondern darin, daß sie sich längst zu einer anderen Art von Eskapade entschieden haben, beziehungsweise in eine andere Art von Eskapade hineingerutscht sind. Vermittels technischer Geräte dem beschränkten irdischen Raum zu entrinnen und ihre Welt im unmetaphorischen Sinne zu „erweitern" (bzw. solche Erweiterung als Augenzeugen zu beobachten), das können sie sich ersparen, da sie längst schon daran gewöhnt sind, mit Hilfe von LSD, Marihuana und anderen, auch audo-visuellen, toxischen Stoffen die Schranken des alltäglichen Bewußtseins und der Alltagswelt zu überschreiten und sich in die *„Luft von anderen Planeten"* transportieren zu lassen. Ihr Desinteressement gründet also nicht darin, daß sie durchschauen, wie unecht die Transzendierung ist, die der Weltraumflug darstellt, sondern darin, daß sie selbst einer Pseudo-Transzendierung, einer ausschließlich mit chemischen Mitteln hergestellten, frönen. Natürlich ist es kein Zufall, daß die *zwei Pseudo-Transzendierungen: die technische und die toxische, in einem und demselben geschichtlichen Augenblick auftreten.* Beide sind Versuche, der Langeweile, der Mechanisierung, der Entfremdung, den Schwierigkeiten der sozialen Probleme durch Ausweichen in eine andere Richtung zu entrinnen. Die *technische Pseudo-Transzendierung ist die des reaktionären regular guys.* Völlig richtig heißt es im ‚Spiegel',[1] daß die Eroberung des Mondes als ein „Sieg des sauberen Amerikaners" gelte, der „weißen Mittelklasse aus kleinen aber geordneten Verhältnissen ... der Antiintellektuellen ..." Die toxische Pseudo-Transzendierung ist dagegen eine Sache der Nonkonformisten, jener freilich, die ihren Nonkonformismus nicht nur nicht durch „violent

[1] Nr. 31, 1969.

action" beweisen, sondern noch nicht einmal durch „action". Gleichviel, beide Gruppen mißverstehen ihr Ausweichen als eine Art von religiöser Aktion. Was man von LSD sagen könnte, das gilt von der angeblich die hiesige Welt transzendierenden Kosmonautik ebenso: Beide sind „*Religionen fürs Volk*".

VII

Gegenstands-Theoretisches

§ 58. Anzüge als Mini-Welten

Man macht es sich gewöhnlich nicht klar, daß die heutige Technik nicht nur neue Gegenstände, sondern auch neue Gegenstandsarten benötigt und erzeugt, Geräte, die nicht ohne weiteres in die uns vertrauten Gegenstandsklassen eingeordnet werden können. Das gilt deutlich von den Astronauten-Anzügen, die als „Anzüge" zu bezeichnen zwar nicht direkt falsch ist, aber unzulänglich bleibt.

Bekanntlich hat, Cicero zufolge, der nackt und arm zur Flucht gezwungene griechische Philosoph Bias seine Armut mit den souveränen Worten „omnia mea mecum porto" als nicht der Rede wert abgetan – womit er meinte, daß er, wohin auch immer das Schicksal ihn verschlagen würde, unberaubbar bleiben würde, da er alles Seinige: sich selbst und seine Prinzipien, mit sich herumtrage.

Bias' Devise könnte jeder Austronaut ohne Veränderung übernehmen, die Worte würden wahr bleiben. Nur würden sie nun das strikte Gegenteil dessen bedeuten, was sie in Bias' Munde bedeutet hatten. Während der Stoiker seine restlose Autarkie gemeint hatte, meint der Astronaut umgekehrt, daß er total unfrei ist: daß er nämlich, um die ihm zugewiesenen Aufgaben zu erfüllen, nein, um auch nur zu überleben, unzählige unerläßliche Elemente benötige. Freilich sei es seinen Mitmenschen gelungen, diese unerläßlichen Elemente zu kombinieren, sie auf engstem Raum in Form eines systemartigen Gegenstandes, gewissermaßen eines *„materiellen Axiomensystems seines Überlebens"* zusammenzufassen. Aufgrund dieser ingeniösen Erfindung könne er alles, was an Lebens- und Arbeitsbedingungen zu ihm gehöre, einem Kleide gleich anziehen und mit sich tragen, „omnia sua secum portare".

Nun, keiner von uns kann sich rühmen, unabhängiger zu sein als diese Astronauten. Gleich, welcher politischen, wirtschaftlichen oder sozialen Ordnung wir angehören, jeder von uns lebt in einem materiellen Axiomensystem, jeder ist in ein Gewebe von Lebensbedingungen eingeschaltet, das aus den Mitmenschen und deren Arbeitsleistungen besteht (Wasser, Gas, Elektrizität, Telefon etc.). Aber während wir normalen Erdenbürger von dieser Welt getragen werden, sind die Astronauten dazu verurteilt, wie Schnecken, die ihr Haus mit sich schleppen, zu leben, eben als Träger ihrer Welt. Die Gegenstände, die sie tragen, sind also nicht eigentlich „Gegenstände", sondern, da sie zusammen ein System ihres Überlebens darstellen, ‚*Mini-Welten*'. Für sie jedenfalls. Innerhalb der Welt, die ihnen als Umwelt nicht dienen kann, nämlich innerhalb der Mondwelt, sind sie natürlich nur zusätzliche Objekte unter Millionen anderen.

Damit ist freilich nicht gesagt, daß die Astronauten als Träger ihrer Mini-Welten nun restlose Unabhängigkeit von ihrer alten Heimatwelt erworben hätten. Zwar trifft es zu, daß die Mini-Welten ihren Trägern, da sie diesen Luft und Wärme etc. spenden, die Heimatwelt vorübergehend ersetzen. Aber diese Mini-Welten haben keinen eigenen Bestand. Von ihnen kann man nicht behaupten, daß sie „alles ihre mit sich tragen". Vielmehr würden sie (ganz abgesehen davon, daß sie Bruchstücke der Heimatwelt sind) sofort versagen, und ihre Träger würden sofort zugrundegehen, wenn sie nicht mit ihrer Heimatwelt pausenlos in Kontakt blieben und von dieser aus dirigiert würden. Nicht nur als Häuser, die vor den Unbilden der lunaren Gegend schützen, und die Luft und Wärme spenden, funktionieren diese Miniwelt-Anzüge, zugleich dienen sie auch gewissermaßen als Telefonzellen, die ihre Benutzer mit der Heimatwelt „unten" verbinden. Und nicht nur mit dieser, denn auch um sich miteinander zu verständigen, benötigen die in die als Umwelt unbrauchbare Mondgegend verschlagenen Weltraumkameraden ihre Anzüge.[1]

[1] Am nächsten kommen diesen Mini-Welten vielleicht noch die Taucheranzüge, die freilich, da sie mit der Oberwelt in direktestem kontinuierlichen Schlauch-Kontakt bleiben, kaum als „Welten" bezeichnet werden können.

§ 59. Der Todestrieb der Produkte Raketen sind ideale Produkte

In den letzten Jahrzehnten hat sich eine Revolution in unserer Attitüde gegenüber Produkten abgespielt. So lange es Not an Produkten gab, galt jedes Produkt als um so besser, je länger es vorhielt. Mit dieser Voraussetzung ist es nun aus. Lange Dauer und Haltbarkeit gelten nun nämlich umgekehrt als unerwünscht, als Defekt. Von vornherein wird heute jedem Erzeugnis ein Todestrieb eingepflanzt, jedes soll sich danach sehnen (sofern ihm zu dieser Sehnsucht Zeit gelassen wird) so kurzlebig wie möglich zu sein, je kürzer je lieber, sofort nach Fertigstellung benötigt, verwendet und durch diesen ersten Gebrauch bereits aufgebraucht zu werden, gewissermaßen im Geborenwerden schon zu sterben, schon Abfall zu werden, nein schon *als* virtueller Abfall zur Welt zu kommen. Diesen Sterbetraum träumen die Produkte im Interesse der Unsterblichkeit der Produktion – dulce et decorum est pro productione mori; weil diese nämlich nur dann fortgesetzt und gesteigert werden kann, wenn ihre Exemplare so rasch wie möglich untergehen und durch ihren Untergang den jüngeren Geschwisterprodukten Platz machen, sodaß auch diese nun verkauft und aufgebraucht werden können und so ad infinitum. Im Wertsystem der Waren ist jedes Dauern bedauerlich geworden, ein Mangel, der bekämpft und beseitigt werden muß, tugendhaft ist allein das Hinfällige, und am vorbildlichsten sind natürlich die nur ein einziges Mal verwendbaren Erzeugnisse, vor allem die Speisen, denen alle anderen Produkte sich anzugleichen wünschen. Der Plan der Molussier, im Zentrum ihrer Industriestadt Penx als Symbol ihres Ideals das Monumentalstandbild einer Semmel zu errichten, war ja bekanntlich nur deshalb aufgegeben worden, weil die gewisse Solidität und Haltbarkeit, ohne die kein Monument ein Monument wäre, dem Sinne dieses Monuments aufs irritierendste widersprochen hätte, und weil den Stiftern des Standbilds keine Lösung für dieses Dilemma, um nicht zu sagen: für dieses dialektische Problem eingefallen war. Gleichviel, die Kurzlebigkeit der Konsummittel kann nur deshalb so vorbildlich funktionieren, weil sich die ihnen zugeordneten, richtiger: vorgeordneten Bedürfnisse selbst vorbildlich benehmen, nämlich immer nur kurzfristig gestillt werden können und regelmäßig von neuem ausbrechen. Die regelmäßige Wiederkehr von Hunger und Durst sorgt aufs schönste für die regelmäßige Zufuhr neuer Produkte und damit für die Ewigkeit der Produktion. Es liegt auf der Hand, daß, wo Bedürfnisse sich nicht so verläßlich benehmen wie Hunger und Durst, der Todestrieb der diesen Bedürfnissen zugeordneten Produkte nicht von selbst funktioniert, daß da deren Todestrieb, das heißt deren Hunger auf Konsumiertwerden, künstlich erzeugt werden muß – was dadurch bewerkstelligt wird, daß man hunger- und durstähnliche Bedürfnisse nach diesen Erzeugnissen im Menschen produziert. Tatsächlich steht auf der heutigen Dringlichkeitsliste der Produktion die Erzeugung der menschlichen Bedürfnisse an erster Stelle. Erst müssen diese Bedürfnisse erzeugt und deren Existenz verbürgt sein, weil ohne diese die Produkte verhungern würden, nämlich deren Hunger auf Konsumiertwerden nicht gestillt werden könnte. Ist der erforderliche menschliche Hunger solide erzeugt, dann ist auch die Solidität der Kurzlebigkeit der diesem Hunger zugeordneten Produkte gesichert.

Die Herstellung der Bedürfnisse ist ja schon seit langem usuell, tatsächlich existiert ja bereits eine ganze Wissenschaft: die *Obsoletologie,* mit reichlich dotierten und mit einem Heer von Researchern ausgerüsteten Instituten, die in ihren Tag und Nacht erleuchteten Laboren keinem anderen Ziel nachjagen als dem, die Zeit, sofern diese in Form von Dauer auftritt, abzuschaffen, bzw. die Hinfälligkeit von Produkten zu verbessern. Und daß sie das erfolglos tun, oder daß sie sich je mit ihren großen Ergebnissen zufrieden geben, das kann man nicht behaupten. Wirklich existieren ja bereits zahlreiche Produktarten, denen es gelingt, sich die Tugend, also die Kurzlebigkeit, der Semmeln anzueignen. An erster Stelle stehen da die Waffen, namentlich die modernen Geschosse und die der chemischen Vernichtungsmittel, die dem Ideal des modernen Produktes sogar noch näher kommen als Lebensmittel, da sie nicht nur so kurzlebig sind wie diese, sondern noch kurzlebiger, da sie nämlich, um zugrunde zu gehen und um anderen Exemplaren Platz zu machen, noch nicht ein einziges Mal verwendet zu werden brauchen. Denn die meisten von ihnen, mindestens die meisten Geschosse, treffen ja garnicht, die Mehrzahl landet ja „in Streuung" und mehr oder minder weit entfernt vom Ziel – aber das tun sie ja im Interesse der Produzenten, sie sollen ja garkein Ziel treffen, darauf zielen sie ja ab. In anderen Worten: aufgebraucht werden sie nicht durch einmaliges Gebrauchtwerden, sondern durch einmaliges Verfehlen des Ziels, wenn man will: durch einmaligen Nicht-Gebrauch.

Nun, das ist freilich der ideale Fall, und mit diesem Idealprodukt Waffe kann kein anderes Produkt konkurrieren, aber in die Klasse der hier vorgeführten kurzlebigen Produkte gehören – und damit kommen wir zu unserem Gegenstand zurück – auch die Weltraumraketen. Denn keine von ihnen ist öfter als einmal verwendbar. *Sie brauchen heißt: sie verbrauchen.* Jede von ihnen stößt im Verlauf ihrer einzigen Reise jeweils diejenige Stufe, die ihre Pflicht getan hat, ab, ihre erste Stufe sogar schon wenige Minuten nach ihrem Start. Ein Stück nach dem anderen wird zum willkommenen Abfall, um als solcher entweder zur Erde zurückzufallen oder diese oder einen anderen Trabanten oder Planeten zu umkreisen oder um, wie es für die geplante Lande- und Startfähre vorgesehen ist, der Sonne entgegenzuschießen und dort zu verdampfen. Die heutige Version von „Stirb und werde". Sogar einen terminus technicus tragen diese durch ihr rasches Abfallwerden wichtigen und beliebten Stücke: *„Throw away boosters"* heißen sie. Und selbst jene Fähre, die sie noch nicht verwendet haben,[1] sollen die Piloten bereits voll Praenumerando-Stolz als *„das größte Stück garbage* (Abfall), *das es je gegeben hat"* bezeichnet haben. Kurz: Da außer den Raumschiffern selbst immer nur ein winziger Bruchteil des Geräts: die Mannschaftskapsel, übrigbleibt, läuft *jede Verwendung von Weltraumgeschossen auf deren fast totale Zerstörung* heraus. Wenn man bedenkt, daß die Erzeugung keines einzigen menschlichen Produktes so abenteuerliche Summen verschlingt wie die dieser Raketen, und daß diese die geniale Gabe besitzen, höchsten Herstellungswert mit kürzester Lebensdauer zu

[1] Niederschrift vor der ersten Mondlandung am 21. Juli 69.

verbinden, dann ist es augenscheinlich, daß sie darauf Anspruch erheben können und ein Recht darauf haben, in diese Familie der „idealen Produkte" als vollberechtigte Mitglieder aufgenommen zu werden. Routiniert in der Erzeugung von Bedürfnissen, wie wir es heute sind, werden wir wohl auch immer imstande sein, Raketenbedürfnisse zu finden, richtiger: zu erfinden. Schon heute sind ja die Zeitungen und Zeitschriften angefüllt mit einer ungeahnten Anzahl von Entdeckungen auf allen Gebieten, natürlich namentlich auf dem menschenfreundlichen Gebiet der Medizin, von Erfindungen „schlechthin unentbehrlicher Produkte, die ohne Weltraumtechnik und -wissenschaft niemals möglich gewesen" wären, und die es schon heute als unbegreiflich erscheinen lassen, daß es einmal Menschen hatte geben können, die troglodytenhaft ohne Raketen hatten auskommen und auf Überleben hatten hoffen können.

VIII

Warum?

§ 60. *Der uninteressante Mond*

Immer wieder wird die Wozu-Frage gestellt, also wozu die Raumfahrt, namentlich die zum Monde, betrieben werde, beziehungsweise wozu diese nötig sei. Wie begreiflich, wie berechtigt diese Frage auch sein mag – geschichtlich gesehen, ist sie wahrscheinlich falsch gestellt. Denn sie impliziert als selbstverständlich, daß der Plan wirklich projektiert worden sei – die Möglichkeit, daß man in diesen „hineingerutscht" sei, ist durch die Fragestellung bereits ausgeschlossen. Aber das war der Fall. Worauf es Kennedy, namentlich nach seinem mißglückten Schweinebucht-Abenteuer, ankam, war, in seinen unter der Eisenhower-Regierung indolent gewordenen Amerikanern den „alten Pioniergeist" von neuem zu erwecken, sie von neuem auf „New Frontiers" gierig zu machen und ihnen, wie es hieß, einen „shot in the arm", eine Kräftigungsinjektion, zu geben. Daß dieser „shot" eine „lunar injection" sein würde, würde sein müssen, das hatte für ihn durchaus nicht festgestanden, im Gegenteil: Als ihm diese Idee nahegelegt wurde, da reagierte er, wie sein Wissenschaftsexperte Jerôme Wiesner berichtet, mit der Gegenfrage: „Can't you fellows invent some other race here on earth that will do some good?" („Jungens, könnt ihr euch nicht irgendein anderes Wettrennen hier auf Erden ausdenken, das zu irgendwas gut wäre?") Beinahe fühlt man sich versucht, seine Partei zu ergreifen und ihm ein Gran von common sense einzuräumen, gäbe es da nicht das kleine Wörtchen „race", das beweist, daß auch Kennedy, nicht anders als seine Ratgeber, sich ein großes Unternehmen nur als ein größeres, eine gute Tat nur als eine bessere, etwas Verdienstvolles nur als einen Sieg in einem Wettrennen hat vorstellen können.

Gleichviel, seine Frage, ob sie sich denn keine Alternative zum Mondflug, kein anderes Wettrennen hätten ausdenken können, ist damals – was als Schande unauslöschbar bleibt – mit Nein beantwortet worden; eine Entscheidung, für die höchstwahrscheinlich Kennedys damaliger Vizepräsident Johnson die Verantwortung trug, da dieser (wie E. C. Welsh berichtet) denjenigen Männern, die etwas zu zögern schienen, die Pistole auf die Brust setzte: diese nämlich vor Zeugen mit der Frage einschüchterte, ob es denn ihr Wunsch sei, die USA zu einer – man beachte die kommerzielle Vokabel – „second rate nation" zu machen, mit einer Frage also, auf die mit Ja zu antworten natürlich keiner der Befragten sich leisten konnte.

Soviel steht fest: *Positives Interesse am Mond hat dem Mondprojekt, als dieses beschlossen wurde, nicht zugrundegelegen;* auch wenn es heute Naivlinge geben mag, die seit dem Tage der Entscheidung ehrlich und aus rein astronomischem Interesse ihre Mondkarte studieren. Was diejenigen betrifft, die sich ihre militärische und industrielle Scheibe von dem Projekt abzuschneiden hoffen, so ist deren mangelndes Mondinteresse selbstverständlich, beinahe Ehrensache. Aber das Mondinteresse der Millionen, die an diesen geschäftlichen Vorteilen nicht teilnehmen, oder die diese Implikationen nicht durchschauen, entspringt auch keinem Interesse am Monde. Auch ihr Enthusiasmus für das Mondprojekt ist ausschließlich irdisch. Und wenn es *das* noch wäre, denn die meisten sind ja an dem Fluge aus rein *nationalen* Wettbewerbs- und Prestigegründen interessiert, allein deshalb, weil sie vermittels „ihres" Projekts beweisen können, daß „ihr" Amerika die mächtigste Macht der Erde ist und als erste auf dem Mond sein kann. In anderen Worten: *Nicht weil der Mond für sie irgendeine Wichtigkeit besitzt, hat die Fahrt zum Monde Wichtigkeit für sie, umgekehrt hat der Mond für sie nur deshalb Wichtigkeit, weil er die Chance bietet, auf ihm als Erste anzukommen.* Wenn die Sphäre der Erde überschritten wird, so aus geradezu provinziell-irdischen Gründen. Und das gilt natürlich von den Männern in Washington nicht minder als von den Millionen, denen das Projekt einfach wie ein Fernsehprogramm, nein *als* Fernsehprogramm, präsentiert wurde. Gemeint hatten Kennedy und Johnson das Unternehmen jedenfalls als einen

Bumerang der Eitelkeit. Nichts lag ihnen, als sie behaupteten, daß die Monderoberung ihnen am Herzen läge, ferner als der Mond. Für diesen entschieden sie allein deshalb, weil dessen Erreichung innerhalb der einzigen Welt, die ihnen „nahelag", also innerhalb der USA (wenn nicht gar innerhalb von Texas) als eine Ruhmestat gelten würde. Das Ferne war Mittel zur Erreichung eines Nahzieles, nicht umgekehrt.

So kam es also so weit. Faute de mieux, weil die „fellows" sich eine größere Ruhmestat auszudenken außerstande waren, akzeptierte Kennedy das Projekt, und gelobte seiner Nation, daß einer von ihnen noch vor Beginn des Jahres 1970 den Mond betreten haben würde. Das Unternehmen konnte beginnen.

§ 61. Die Warum-Frage und warum diese so selten gestellt wird

Auch wenn die dreieinhalb Millionen Fragen nach der Bewandtnis der dreieinhalb Millionen Einzelstücke, aus denen die Raketen sich angeblich zusammensetzen, beantwortet würden – und daß das möglich ist, liegt ja auf der Hand – wäre gewissermaßen nichts beantwortet, weil die Hauptfrage, die nach der raison d'être des kolossalen Unternehmens der Raumfahrt als solcher damit nicht beantwortet wäre. Die glaubhafteste Antwort lautet, das Projekt sei militärisch unentbehrlich, die friedlichen Raketen seien lediglich riesige Attrappen der für den atomaren Krieg gemeinten; von der Idee, Raumstationen zu bauen, zu schweigen, denn diesen sei keine andere Funktion zugedacht als die, aus dem Außenraum das Gesamtgebiet der Erde atomar zu bedrohen.

Gegen diese Begründung, der ich mich anschließe, hat man eingewendet, sie sei nicht glaubhaft, sie könne deshalb nicht glaubhaft sein, weil den bereits existierenden Raketen und den anderen ABC-Waffen, über die Großmächte verfügen, *over-kill-capacities* zukämen; weil man also auf Waffenverbesserungen längst schon verzichten könnte. Aber offenbar sind die Eigentümer der Maximalmacht unfähig dazu, den Maximalcharakter dessen, was sie in Händen halten, wirklich aufzufassen; unfähig zu begreifen, daß es so etwas wie ein nicht mehr zu steigerndes

Maximum überhaupt geben könne. Auf Verbesserung, Vergrößerung, Vermehrung von Produkten zu verzichten, das scheint ihnen, obwohl es ein *Verzichtendürfen* wäre, ein *Verzichtenmüssen* zu sein. Wer Erfindungen, die er, technisch gesehen, weitersteigern könnte (obwohl er deren Effekte dabei nicht weitersteigern würde) nicht weitersteigert, der leidet, mindestens innerhalb der kapitalistischen Welt, an dem Gefühl, eine Pflicht zu versäumen oder eine Niederlage zu erleiden, der verzehrt sich in Frustration. Daß es unsinnig ist, ein bestimmtes Machtpotential zu übersteigen, weil es ein Maximalpotential bereits ist, das übersteigt ihre Denkfähigkeit. *Nichts macht beschränkter als uneingeschränkter Fortschrittsglaube*, da dieser uns daran hindert, zu verstehen, von welchem Punkte an Fortschritt unmöglich, weil überflüssig ist.

In anderen Worten: Die Tatsache, daß jede der Weltmächte das *overkill*-Potential besitzt (bzw. daß sie, weil sie dieses Potential besitzen, Weltmächte sind), diese Tatsache hindert diese Weltmächte nicht daran, ihre Waffen weiter zu „verbessern", zu variieren, zu entwickeln. Da also der Wettlauf weitergeht, ist es auch nicht sinnlos, die Weltraumraketen und die eventuellen Weltraum-Stationen in diesem Zusammenhange zu sehen, als Waffenvarianten, als Waffenverkleidungen – womit natürlich nicht gesagt ist, daß jeder, der an der Entwicklung der Weltraum-Apparaturen mitarbeitet, kontinuierlich wisse, woran er in Wahrheit mitarbeite.

Das Argument, daß die Weltraumprojekte deshalb keine militärische Bewandtnis haben könnten, weil die gegenseitige Auslöschungsfähigkeit der virtuellen Gegner ohnehin schon bestehe, ist um so falscher, als sich ja heutzutage das Verhältnis von Krieg und Industrie auf den Kopf gestellt hat. Es wäre ja unwahr zu behaupten, daß die heutigen Industrien deshalb unentbehrlich seien, weil ohne ihren *output* die (bedauerlicherweise) drohenden Kriege nicht abgewehrt und die (bedauerlicherweise) bestehenden Kriege nicht geführt werden könnten. Umgekehrt gilt ja, daß Kriegsgefahr und Kriege deshalb erforderlich sind, weil ohne diese die Industrie nicht in Gang bleiben, nicht ihren Beschäftigungsstand aufrechterhalten und nicht ihre Profite einstreichen könnte. Aber selbst wenn die Beziehung zwischen Waffenproduktion und Raketenindustrie nicht bestünde, auch dann müßte die Frage, warum die Industrie so immense Arbeit für das Weltraumprojekt leiste, auf den Kopf gestellt werden. Denn *was ist für was da?* Die Industrie für das Weltraumprojekt? Das ist sie nur für den oberflächlichsten Blick. Vielmehr ist *das Weltraumprojekt für die Industrie* da, für deren Fortgang und für deren Steigerung. Nichts ist für den gegenwärtigen weltgeschichtlichen Augenblick kennzeichnender als dieser Austausch von Mittel und Zweck. Dieser Austausch bringt es in der Tat mit sich, daß die Interessenten der Weltraumfahrt so tun können, als wenn sie das Unternehmen aus rein „idealistischem" Interesse ermöglichten. Damit meine ich, daß die Interessenten nicht deshalb das Mondprojekt ermöglichen, weil sie etwa wie Bergwerksunternehmer die Förderung von Kohle oder von Gold erhofften. Davon kann garkeine Rede sein. Vielmehr ist für die Firmen, die das Unternehmen ermöglichen, dieses Unternehmen selbst „das Gold", ihre Profite streichen sie durch dessen Ermöglichung ein, nicht durch Rohstoffe, deren sie sich vermittels dieses Unternehmens bemächtigen. Wenn neben den ungeheuren Summen, die die Großunternehmungen durch Belieferung des Weltraumprojekts einstreichen, noch andere wirtschaftliche, wissenschaftliche oder medizinische Nutzeffekte aus dem Weltraumprojekt abfallen, so sind diese Vorteile reiner Zufall und von der sekundären Natur eines Rabatts.

Dazu kommt etwas Weiteres. Es darf ja, wie wir gezeigt hatten, bezweifelt werden, daß die Frage, warum man dieses ungeheure Unternehmen aufgebaut und in Gang gebracht hat, eine sinnvolle Frage sei. Von denen, die experimentell Raketen zu bauen und abzuschießen begannen, läßt sich ja nicht behaupten, daß sie das kolossale, heute als NASA existierende, Unternehmen geplant hätten. Warum man die ersten bescheidenen Anfänge geplant, warum man die Erfindung des besiegten Hitlerdeutschland übernommen und auf ihre Möglichkeiten hin abgeklopft hat, das könnte gewiß jeder mittlere Historiker zufriedenstellend beantworten. Aber es gibt einen Punkt, von dem ab die Warumfrage den befragten Gegenstand verfälscht, einen Punkt, an dem die Quantität, beziehungsweise die Größe in die

Qualität (der Unbefragbarkeit) umschlägt. Damit meine ich Folgendes: Wenn eine (gleich ob geplante oder nicht geplante, ob rationelle oder irrationale) Einrichtung erst einmal ein gewisses, vielleicht ungeahntes und von niemandem projektiertes *Ausmaß* erreicht hat, dann wird sie zu einem Faktum, das nicht mehr mit denjenigen Faktoren, mit denen der Baubeginn begründet worden war, begründet werden kann. Und das gilt von dem heutigen Raumfahrtprojekt, dessen Warum nicht nur nicht beantwortet, sondern nun auch nicht mehr erfragt werden kann.

Im engsten Zusammenhang damit steht das weitere Problem, *warum die Warumfrage so selten gestellt wird.* Denn die Erklärung dieser Seltenheit hat wiederum etwas mit dem *Ausmaß* des Projekts zu tun. Wie paradox es auch klingen mag, die Antwort lautet: Deshalb, weil das Projekt so enorm ist. Es gibt nämlich die folgende sozialpsychologische Regel:

Je größer Produkte oder Einrichtungen,
desto selbstverständlicher und legitimer wirkt ihre Existenz;
als desto überflüssiger lassen sie es erscheinen, desto weniger führen sie uns in Versuchung, desto unfähiger machen sie uns, nach ihrem Sinn zu fragen. Denn

Größe als solche erweckt den Eindruck von Justifikation. – Das bedeutet zwar nicht, daß wir gewöhnlich die Legitimation oder den „Sinn“ der großen oder größten Objekte positiv und expressis verbis betonen; wohl aber, daß wir, je größer Objekte oder Institutionen sind, um so weniger auf den Gedanken kommen, diese als vielleicht sinnlos oder illegitim in Betracht zu ziehen. – Aus der entgegengesetzten Richtung formuliert:

Je kleiner Produkte oder Einrichtungen,
um so rechtmäßiger, erforderlicher und sinnvoller scheint es, nach ihrem „wozu“ oder „cui bono“ zu fragen.

Sinnlos, weil überflüssig klingt zum Beispiel die metaphysische Frage: „Welchen Sinn hat die Menschheit im Universum?“ oder gar die der Theodizee-Frage verwandte: „Cui bono gibt es eine Welt?“ Das „Objekt“ ist zu groß für diese Frage. Rechtmäßig und sinnvoll dagegen klingen die Fragen: „Wozu dient dieses oder jenes kleine Organ innerhalb des Organismus?“ oder: „Welche Bewandtnis hat es mit diesem oder jenem Bau-

Element innerhalb einer Schreibmaschine oder innerhalb einer Rakete?" Und gewiß gibt es keinen Biologie-, Schreibmaschinen- oder Raketenfachmann, der diese Fragen nicht als sinnvoll anerkennen, oder der sich weigern würde, diese zu beantworten. Wenn, wie es der Fall ist, die Frage nach dem „Sinn" dieser Stücke beantwortet werden kann, so deshalb, weil „Sinn haben" keinen anderen Sinn haben kann als den: „Sinn *für* etwas, bzw. *in* etwas", nämlich „in einem größeren Ganzen haben", und weil es keinen Geräteteil gibt, dem nicht von dem größeren Ganzen, dessen Teil es ist, sein „Sinn verliehen" wird. Daß dieses größere Ganze, das A, von dem der Teil a seinen Sinn bezieht, selber vielleicht *keinen* Sinn habe, auf diesen Gedanken kommt kaum jemand, umgekehrt ist fast jeder davon überzeugt, daß das „Sinnverleihende" gleichfalls Sinn, nein sogar mehr Sinn haben müßte als dasjenige, dem es Sinn verleiht, so wie der Geldverleiher mehr Geld besitzen muß als sein Schuldner. Aber diese Analogie ist eben schief, umgekehrt gilt: Je größer das Seiende, das wir nach „Sinn" abfragen, um so unbekannter wird sein Sinn, sofern es überhaupt einen hat; um so sinnloser wird die Suche nach seinem Sinn – kurz: *Größe und Sinn sind entgegengesetzt proportional.* Diese Tatsache zu denken und diesen Gedanken festzuhalten, das gelingt freilich nur den Allerwenigsten, und diese Wenigsten, denen das gelingt, die gelten dann im Urteil des common sense als Nihilisten, Narren, Philosophen, oder Zersetzer – Ausdrücke, die gewöhnlich als Synonyme verwendet werden und zumeist ausgetauscht werden können.[1]

Anders formuliert: Diejenigen Objekte oder Einrichtungen, die dem Lande, dem Staat, der Epoche, der Welt, also dem *Ganzen,* dessen Teile sie sind, nicht nur als (unter Umständen

[1] Daß Philosophen nach dem sogenannten „Sinn der Welt" fragen, ist ein Ammenmärchen, das Nichtphilosophen von anderen Nichtphilosophen aufgebunden wird. Der Begriff „Sinn der Welt" ist, mindestens in jeder nicht-theologischen Philosophie, eine contradictio in adjecto, die Frage nach diesem Sinn sinnlos, um nichts weniger sinnlos als es deren so oder so lautende Beantwortung wäre. Sinnfragen haben Sinn allein so lange, als wir Einzelstücke oder -funktionen daraufhin abfragen, welche Rolle sie innerhalb eines größeren Ganzen spielen. Bis zum „metaphysisch vorletzten" Stück mögen solche Fragen relativ

abstrahierbare oder abmontierbare) Teile zugehören, sondern dieses Ganze auf Grund ihrer Größe mitausmachen, sodaß dieses Ganze ohne diese Teile nicht mehr das wäre, *was* es ist, jedenfalls nicht mehr so, *wie* es ist – diese Objekte oder Einrichtungen lähmen unser Bedürfnis, unsere Lust und unsere Fähigkeit, nach ihrem Sinn oder ihrer Legitimation zu fragen. Diese Regel ist um so wichtiger, als sie eine zusätzliche pragmatische, und zwar höchst verhängnisvolle Pointe hat. Wenn wir nämlich Dinge oder Institutionen allein schon auf Grund ihrer Größe für legitim halten, dann verzichten wir nicht nur darauf, ihren Sinn zu prüfen (bzw. ihnen Sinn abzusprechen), sondern auch darauf, sie, weil sinnlos, zu verändern oder abzuschaffen. *Unser durchschnittliches „Warum"- und „Wozu"-Fragen macht dort halt, wo die Grenze der eigenen Freiheit verläuft, und überschreitet diese Grenze nur höchst selten.* Was jenseits der Grenzlinie liegt, das akzeptieren wir als „natürlich", „we take it for granted", kurz: wir kapitulieren.

Ein weiterer Grund dafür, daß die Frage nach dem „Warum" so selten laut wird, bzw. daß die Frage nach dem Sinn um so kraftloser wird, je umfangreicher das befragte Objekt ist, besteht in der Tatsache der heutigen *Arbeitsteilung*. Der Zusammenhang mit dem eben gegebenen ersten Grund liegt auf der Hand: Je größer Objekte oder Unternehmungen, um so größer ist natürlich auch die Anzahl der für deren Funktionieren erforderlichen, aber miteinander kaum in Verbindung stehenden, Arbeiter; um so deutlicher ausgebildet ist die Spezialisierung, gleich ob diese auf einer wirklichen Sonderbegabung beruht oder, wie in 999 von 1000 Fällen, auf zufälliger Arbeitszuweisung. Gleichviel, je deutlicher ausgebildet die Spezialisierung, um so

sinnvoll bleiben. Total sinnlos, reines Blabla, ist dagegen die angeblich tiefste und metaphysischste Frage nach dem Letzten, also nach dem sogenannten „Sinn der Welt". Hätte die Welt als ganze einen Sinn, dann einen „für etwas" – was beweisen würde, daß sie eben nicht „das Letzte" ist. Der Ausruf: „Aber sie *muß* einen Sinn haben!" beweist lediglich etwas über den Ausrufenden: nämlich daß dieser metaphysisch feige ist.

geringer wird das Interesse des Spezialisten am Gesamtprodukt, damit natürlich auch an dessen „Sinn". Tatsächlich gibt es heute kaum einen Arbeiter oder Angestellten – und das gilt bis hinauf zu den höchsten Rängen – der nicht in einem Winkel eines Winkels einer Produktion oder einer Verwaltungsmaschinerie arbeitete. In den Augen dieser Spezialisten besteht das Unternehmen eigentlich nur aus solchen Winkeln oder sogar nur aus Winkeln innerhalb solcher Winkel, *als ganzes bleibt das Unternehmen unsichtbar und psychologisch unwirklich.* Millionen dieser Winkelarbeiter haben die Endprodukte, in die die von ihnen erzeugten oder bearbeiteten Teilstücke integriert werden, niemals mit eigenen Augen gesehen; die meisten interessieren sich für diese Endprodukte auch garnicht; figürlich gesprochen, wissen sie noch nicht einmal, an welchem Produkt sie mitarbeiten, geschweige denn, aus welchem Grunde und zu welchem Zweck das ganze Produkt einmal verwendet werden soll. 99 Prozent aller Arbeitenden würden uns, wenn wir sie nach dem „Sinn ihrer Arbeit" fragen würden, gewiß einen ungläubigen und argwöhnisch-prüfenden Blick geben, und nicht zu Unrecht, da die Antwort „der Wochenlohn" eben selbstverständlich ist. Und unterstellt selbst, daß drei oder vier uns auf unsere Frage antworten würden: *„Damit es das Produkt X oder Y gebe"* – mit dieser Antwort wäre ja die Frage nach dem „Sinn" oder nach der Erforderlichkeit dieses X oder Y auch nicht beantwortet; und ebenso wenig würden sie durch diese Antwort beweisen, daß sie die nur für ihren Wochenlohn Arbeitenden geistig oder moralisch überragen; denn auch sie würden ja etwas Ungeprüftes mitübernehmen, nämlich die ungeprüfte Unterstellung, daß die Existenz der Produkte X oder Y, denen vielleicht garkeine oder sogar eine verwerfliche Funktion zukommt, erforderlich sei.

Nun, die Tatsache, daß nur die wenigsten unserer Zeitgenossen dazu fähig sind, die „Sinn-Frage" zu stellen, die bedeutet natürlich nicht, daß diese Frage sinnlos geworden sei. Umgekehrt dürfen wir argwöhnen: *Je seltener eine Frage wird, um so „frag-würdiger"* (im Sinne von: würdiger gefragt zu werden) *ist sie, um so größer ist ihre Urgenz.* Jedenfalls bleibt die Frage nach dem Wozu des Weltraumprojekts, auch wenn sie nicht gestellt wird, weiter rechtmäßig. Sogar mehr als das. Nicht nur gilt, daß die raison d'être eines Objekts um so weniger erfragt wird, je größer dieses ist, sondern auch, daß *je größer ein Objekt* ist, *die Erforschung seiner raison d'être um so dringlicher* wird.

Gerade weil eine so ungeheure Macht und so immense Beträge in die NASA-Institution hineingepumpt worden sind, und gerade weil diese Institution auf Grund ihrer kaum mehr zu übersehenden Ausdehnung aus unserer Welt nicht mehr fortgedacht und von dieser nicht mehr abmontiert werden kann; gerade weil sie allmählich genau so unfortdenkbar und unabmontierbar zu sein scheint wie diese Welt selbst, gerade deshalb dürfen wir die Warum-Frage niemals einschlafen lassen. Vielmehr haben wir, sobald sich der (uns heute so und morgen so eingeredete) „Sinn" der Einrichtung als bloßer Schein enthüllt, diese Scheinhaftigkeit rücksichts- und pausenlos in Evidenz zu halten.

Wer sich damit abfindet, gegenüber großen Dingen, nur deshalb weil diese groß sind, die Fähigkeit zu verlieren, deren Legitimität in Frage zu stellen, der hat damit zugleich die Chance verspielt, überhaupt irgendwo und irgendwann irgend eine Opposition zu treiben. Wer zum Beispiel die Existenz der NASA deshalb, weil deren Dimensionen enorm sind, nicht mehr kritisieren kann, der kann erst recht nicht dem System, dem die NASA als Stück zugehört, kritisch entgegentreten oder diesem gar Widerstand leisten. Wenn es dem Establishment endgültig glückt, uns der Fähigkeit zu berauben, nach Sinn zu fragen, dann hat es so vollständig gesiegt, daß es sich jede ausdrücklich konterrevolutionäre Maßnahme ersparen, und sich dadurch den Anschein der Progressivität geben kann.

§ 62. Die USA als Verein

Nationale Zielsetzungen sind uns, mindestens seit es wirtschaftliche Jahrespläne gibt, etwas Selbstverständliches. Das gesetzte Ziel besteht stets in einem angestrebten Zustand des Staates selbst, niemals, es sei denn, der Staat empfinde sich als Pionier für einen internationalen Weltzustand, in etwas dem Staate „Äußerlichen". Die Frage, wozu Portugal, Norwegen, China oder die USA existieren, welche Ziele sie verfolgen, kann nicht nur nicht beantwortet, sondern noch nicht einmal gestellt werden. – „Äußerliche Ziele" (oder pathetischer: „Ideale") werden vielmehr ausschließlich von *„Vereinen"* angestrebt. Anders herum: Es gibt keinen Verein, dessen Statut I die Erhaltung oder Verbesserung des Vereins selbst als Vereinsziel nennt. Jeder Verein dient vielmehr einem außerhalb seiner selbst liegenden Ziele, einem speziellen Interesse: der Erziehung zurückgebliebener Kinder oder dem Erfahrungsaustausch von Zierfischzüchtern oder der Fühlungnahme der Philatelisten mit anderen Philatelisten. Wenn derartige Vereine durch das bloße Gewicht ihres Daseins, ihres Umfangs oder ihres Alters zu „Selbstzwecken" werden – und das geschieht bekanntlich immer wieder – dann gehört das nicht zu deren Wesen, sondern zum „Wesen" ihrer Degeneration.

Wie gesagt: Die Frage, wozu Portugal, Norwegen, China oder die USA daseien, ist sinnlos. Nein – und das ist die These, auf die wir lossteuern –: *war* sinnlos. Denn durch Kennedy hat sich das nun geändert, da er den Vereinigten Staaten so, *als ob* diese ein Verein wären, eine Aufgabe, beziehungsweise ein Ideal geschenkt hat, für deren Verwirklichung die Amerikaner nun leben sollten. Aber warum *„als ob"?* Durch die Worte, mit denen Kennedy im Jahre 62 sein Mondprogramm verkündete, hat er die Vereinigten Staaten unmetaphorisch in einen *„Verein für die Durchführung von Mondlandungen"* verwandelt. Ganz unmetaphorisch. Was ich meine, ist nicht nur, daß die Vereinigten Staaten dadurch, daß sie so ungeheure Energien in das Projekt investierten, unbewußt und wider Willen zu einem Verein geworden seien, vielmehr, daß Kennedy, und zwar *noch bevor* er sich zum Mondprojekt entschloß, ausdrücklich beschlossen hatte, sein Land in einen Verein zu verwandeln, seinen Mitbürgern nämlich *ein Ziel* zu verschaffen, ein Ideal, das sie von dem frustrierenden Gefühl, ein „meaningless life", „ein sinnloses Leben" zu führen, befreien könnte; positiv: ihnen ein Ziel zu schenken, dem sie sich als Mittel widmen konnten. Worauf Kennedy abzielt, war also primär nicht, den Mond zu erobern, sondern seinen fellow-Americans, seinen Mitbürgern, die, wie er glaubte oder behauptete, in der Zeit des Eisenhower-Regimes indolent geworden waren und ihren alten Pioniergeist hatten verdorren lassen, etwas zu geben, *wofür* sie dasein konnten, und was sie von dem Gefühl ihrer Frustration befreien konnte.[1] Daß diese Beschäftigungstherapie ausgerechnet in der Arbeit für die Erreichung oder die Eroberung des Mondes bestehen würde, oder gerade in dieser bestehen müßte, das hatte für ihn, wie wir bereits gesehen haben, durchaus nicht von vornherein festgestanden, das ist ja sogar beinahe zufällig gewesen. Sein Ziel war, wie gesagt, viel vager und allgemeiner: seinen fellow citizens *irgendein* Ziel zu schenken, *irgendein* Ideal, gleich welches, weil er (darin naivster Nachzügler der Bildungsphilistrosität des 19. Jahrhunderts) davon überzeugt war, daß Ideale zu haben, gleich welche, unter allen Umständen den Wert, die Würde, und die „morale" (im Sinne von Unternehmungsmut und -lust) derer, die sie haben, hebt. In Wahrheit verhält es sich natürlich umgekehrt. Wie „positiv", moralisch optimistisch und anti-nihilistisch das Feiertagsvokabular der Ideal-Lieferanten und der durch diese Lieferung in „Idealisten" Verwandelten klingen mag, es gibt umgekehrt nichts, was nihilistischer wäre als diese Gleichgültigkeit gegenüber dem *Inhalt* von Idealen.

In anderen Worten: Das Ziel, das Kennedy, überzeugt davon, ihnen damit etwas Positives zu schenken, überreichte, war, der Eroberung des Mondes nachzujagen. Auf diese Jagd, auf diese Beschäftigungstherapie kam es ihm an, nicht auf den Mond als Ziel. Dieses „Ziel" Mond war nur ein Mittel, das er dafür einsetzte, um dadurch sein wirkliches Ziel: nämlich die Genugtuung über die zielbewußte Jagd und über die schließliche Erreichung des Ziels zu erreichen. Auch aus diesem Grunde war das ganze Unternehmen nihilistisch, denn es gibt nichts was nihilistischer wäre als der Austausch von Mittel und Zweck.

Oder noch schroffer: Da Kennedy genauso wie seine Mitarbeiter und seine Kompatrioten, davon überzeugt war, daß nur dasjenige einen Wert hat und sinnvoll sein und glücklich machen kann, was ein Mittel für einen Zweck ist, *gab er ihnen einen*

[1] Zusätzlich auch von dem speziellen Minderwertigkeits-Schock, der durch den Sputnik-Erfolg Sowjetrußlands und durch das Scheitern des Schweinebucht-Unternehmens verursacht worden war.

Zweck, damit sie sich vermittels dieses zu Mitteln machen konnten, eben zu Mitteln zur Erreichung dieses Zwecks.

Diese Formulierung macht es deutlich, daß Kant hier auf den Kopf gestellt ist. Denn Sinn und Würde kommt nun der Person oder der Nation nicht etwa dann zu, wenn sie *nicht* als Mittel eingesetzt werden, sondern ausschließlich dann, *wenn* sie (und nur dadurch, daß sie) als Mittel eingesetzt werden.

Wie schon mehrfach betont, hat Kennedy, als ihm die zur Prüfung und Abwägung möglicher Idealprojekte eingesetzte Kommission als idealstes Ideal die Eroberung des Mondes vorlegte, alles andere als enthusiastisch reagiert. Wenn er sich dazu entschloß, die Monderoberung als das (von ihm gewünschte) Vereinsziel der Vereinigten Staaten zu akzeptieren, so hat er das faute de mieux getan. Aus diesem Grunde ist, wer Kennedy als den unsterblichen Initiator des Mondprojekts feiert, beinahe ebenso albern wie wer dem gegenwärtigen Präsidenten Nixon, der nun lange nach Kennedys Ermordung und nach dessen Nachfolgers Resignation als der Mondpräsident aufzutreten versucht, den Ruhm für das schließliche Gelingen des Projekts zuspricht.

Was geschehen soll, wenn das Ziel der Beschäftigungstherapie: die Eroberung des Mondes, erreicht ist, das wissen die Götter. Denkbar ist, daß der plötzliche Abbruch dieser Therapie den Wiederausbruch der Frustration nach sich ziehen wird;[1] und daß der „Verein zur Eroberung des Mondes“, den die amerikanische

[1] Nachtrag, Januar 1970: Manches spricht dafür, daß diese Situation bereits einzutreten beginnt. Der Mondbesuch ist zum zweiten Male gelungen, schon der zweite Besuch hat auf die Amerikaner eine nicht annähernd so starke Faszination ausgeübt wie der erste; die Zuwendungen für die NASA sind geringer als seit Jahren; von dem ursprünglich geplanten Programm sind Abstriche gemacht worden. ursprünglich geplanten Programm sind Abstriche gemacht worden. Freilich, die endgültigen psychologischen Effekte auf die in einen weil sein Ziel verwirklicht ist, bereit sein wird, auf Weiterexistenz zu verzichten, das scheint mir sehr fraglich. Vermutlich wird man nun ein neues Vereinsziel finden oder erfinden müssen (gleich welches, und es könnte eines sein, das mit Raumfahrt nichts zu tun hätte), um den Verein zu erhalten und um der unvermeidlicherweise neu einsetzenden Frustration mit Erfolg zu begegnen.

Nation nun darstellt (oder, um von anderem, wie Vietnamkrieg und Rassenkrise abzulenken, darzustellen vorgibt), in Gefahr geraten wird, auseinanderzubrechen, es sei denn die Erreichung eines anderen Gestirns werde zum Vereinsziel Nr. 1 gemacht. Schon redet man vom Mars. Welch ein Glück, daß Gott der Herr so viele Sterne geschaffen hat. Und auch so viele auf der Fahne der USA.

§ 63. Der Himmelssport

„Und nun wollen wir einmal sehen", lautete eine Zeitungsbemerkung, die mir neulich in die Hände fiel – und von dieser Art gibt es heute tausende – *„wer als Erster auf dem Mars landen wird: Die Amerikaner oder die Sowjets"*. Da es nicht hieß „die Russen", sondern: „die Sowjets", verriet die Formulierung sofort, welcher Mannschaft der Journalist den Erfolg wünschte und warum.

Volkstümlich, verständlich und beliebt gemacht werden die Weltraumexpeditionen dadurch, daß sie von den Massenmedien unter falschem Etikett, nämlich als *Sportereignisse* dargeboten werden, und zwar jede als ein Wettlauf zwischen den USA und der UdSSR, dessen Ausgang zur Ehre oder Unehre der eigenen Nation führen könnte. „Welche Schmach", so argumentieren sie – und vielleicht fallen nicht nur die Käufer auf diese Sportifizierung herein, sondern auch die Verkäufer – „welche Schmach, in den kommenden Jahrhunderten und Jahrtausenden als der im Mondwettrennen Unterlegene zu gelten!" –

Unwahr durch und durch. Denn so wenig es wahr ist, daß Raumflüge Sportereignisse sind, so wenig, daß Sportsiege oder -niederlagen „aere perennius" im Gedächtnis der Mitmenschen oder gar der Nachwelt irgendeine Rolle spielen. Wahr ist vielmehr, daß jeder Ruhm, Sportruhm inbegriffen, Eintagsruhm ist, daß die Reputation, die eine Nation durch ihre Sieger oder Verlierer gewinnt beziehungsweise einbüßt, ganz ephemer bleibt, also überhaupt nicht *bleibt*. Welches Volk genießt denn auch heute noch deshalb Ehre, weil es ihm als erstem gelungen wäre, ein Rad, eine Transmission, eine Eisenbahn, ein Auto oder ein

Grammophon in Gang zu setzen oder den ersten Weltmeister im Stabhochsprung zu liefern? Und welches Volk leidet denn unter der Schande, daß es erst als zweites oder als zehntes soweit war, Eisenbahnen oder Grammophone zu bauen oder einen Stabhochsprungmeister zu erzeugen? Ob solche Primatansprüche jemals wichtig gewesen sind, das kann man offen lassen, aber unterstellt selbst, einmal hätten sie eine Rolle gespielt – heute ist diese Rolle jedenfalls minimal geworden, und zwar deshalb, weil *die Massenmedien*, die ja die Vehikel des Prestiges sind, *kein Verhältnis zur Vergangenheit haben*, nein sogar darauf abzielen, stündlich und minütlich Neues zu bieten – womit zugleich gesagt ist, daß sie ganz methodisch alles Vergangene in den Orkus des Vergessens fegen, alles Gestrige auf dem Autofriedhof des Gewesenen abladen, alle Erinnerung verhindern und das Bewußtsein für Reihenfolge und Kontinuität kontinuierlich auslöschen. Natürlich bleibt auch diese Tatsache der Auslöschung ausgelöscht, die durch Massenmedien konditionierten Konsumenten wissen von der Auslöschung der Vergangenheit ebensowenig wie von der Vergangenheit selbst. Und nicht nur wissen sie nicht mehr, *wer* gestern gesiegt oder verloren hat, sondern ebensowenig, um *welches Ziel* es beim gestrigen Wettkampf gegangen war; und zuweilen noch nicht einmal, *daß* überhaupt ein Wettkampf stattgefunden hat.

Natürlich werden die Sowjetunion und deren Astronauten, sofern sie die Erreichung des Zieles Mond für erstrebenswert halten, ebenfalls auf diesem landen. Das kann nicht verhindert werden. Und daß das nicht verhindert werden kann, das wissen die Amerikaner natürlich auch. Deshalb darf man in gewissem Sinne behaupten, daß diese nicht den Mond als ihr Ziel ansehen (bzw. angesehen haben); und noch nicht einmal ihre eigene Ankunft auf diesem. Vielmehr haben sie die abenteuerlichen Anstrengungen und Beträge, die sie in ihr Unternehmen investiert haben, vor allem deshalb auf sich genommen, um sicher zu sein, daß die Anderen das Fahrtziel erst nach ihnen erreichen werden. Auf das Früherdasein, nein auf das *Früherdagewesensein*, waren sie aus.

Die Kategorien, die hier gelten, sind also offensichtlich Sportkategorien. Deren Amalgamierung mit politischen Kategorien ist ja – die Olympischen Spiele bezeugen das am deutlichsten – längst schon gebräuchlich. Weltraumspieler USA gegen Weltraumspieler UdSSR. Unerträglich für die Menschen in Washington oder Kansas (vielleicht auch für die in Moskau oder Kasan) der Gedanke, daß die eigene Mannschaft unterliegen könnte. Die Angst davor hat in den letzten Jahren, namentlich seit dem völlig unerwarteten Abschuß des ersten Sputniks im Herbst 58, der den Amerikanern einen gefährlichen Inferioritätsschock versetzt hatte, deshalb eine so große Rolle gespielt, weil es unmöglich war, den während des kalten Krieges ja wahrhaftig ernst gemeinten Wettstreit plötzlich abzublasen. Um den Kampf gleichzeitig aufrechtzuerhalten *und* nicht aufrechtzuerhalten, galt es daher, eine harmlosere Variante von kaltem Krieg zu erfinden, eine Veranstaltung, die jederzeit in ein bloßes Spiel, aber auch jederzeit wieder in tödlichen Ernst umkippen konnte – was um so nötiger war, als ja durchaus noch nicht entschieden war (und selbst heute noch nicht entschieden ist), ob die „Annäherung" der zwei Gegner, die noch vor wenigen Jahren in tödlicher Feindschaft einander gegenübergestanden hatten, endgültig ist, oder ob nicht die Feindschaft von einem Tage zum anderen wieder in den alten tödlichen Ernst zurückschlagen könnte. Ganz zu schweigen davon, daß die Astronautik, und nicht nur die erdumzirkelnde, sondern auch die auf die Eroberung von Planeten oder auf den Bau von Raumstationen abzielende, direkt militärische Ziele verfolgt. Gleichviel: ob es gelungen wäre, in das Unternehmen so immense Summen hineinzupumpen, wenn nicht das amerikanische Publikum dazu gebracht worden wäre, dieses Unternehmen als einen Wettlauf aufzufassen, das ist sehr zweifelhaft. Was die Regierung auf dem Monde sucht, ist zwar der Triumph Amerikas, aber noch mehr als diesen sucht sie dort die Niederlage des Konkurrenten, also diejenige Niederlage, die sie sich mehr als 15 Jahre lang, in der Epoche des „kalten Krieges", als wirkliche militärische Niederlage vorgestellt hatte. Der astronautische Wettlauf ist seit dem Verzicht auf den kalten Krieg diejenige Aktion, die zwar keine „Spielform" des kalten Krieges mehr ist, aber doch, da es in ihm noch um „Sieg" oder „Niederlage" geht, kalten Krieg noch *spielen* kann. Wäre der erste auf dem Monde landende Amerikaner von einem sowjetischen Kollegen willkommen geheißen worden, das wäre für die Nation vermutlich eine kaum zu bewältigende Schande gewesen.

Bekanntlich ist die Wettlaufthese, also die, daß das Rennen zum Monde einen Ersatz für den wirklichen Krieg darstelle, auch geschichtlich zu belegen. Als „Aufgabe der Nation" tauchte ja das Mondprogramm in demjenigen Moment auf, in dem der direkte Schlag gegen den „Kommunismus in der westlichen Hemisphäre" mißglückt war, also unmittelbar nach dem Scheitern der Schweinebucht-Expedition. In diesem Augenblick schien es Kennedy, wie wir gesehen haben, erforderlich, den Kampf in einen Sportkampf, in einen „race" umzuwandeln, beziehungsweise in den „Wettbewerb der zwei Wirtschaftssysteme". Und diese Situation besteht auch heute noch: Die USA- und die UdSSR-Astronauten sind zu zwei Sportsmannschaften geworden, hinter denen, sich leidenschaftlich mit ihnen solidarisierend, die Nationen, bzw. die „Publikums" stehen. Aber wenn diese sich so leidenschaftlich mit ihren Heroen und deren Leistungen solidarisieren, so nicht obwohl diese Heroen *nur* Sportkämpfe ausfechten, sondern umgekehrt – von einem „Nur" kann keine Rede sein – weil diese *Sportkämpfe* ausfechten. Das Verhältnis von Ernst und Spiel ist auf den Kopf gestellt – womit gesagt ist, daß ein Politicum, um von den Millionen ernstgenommen und rückhaltslos bejaht zu werden, als sportlicher Wettkampf präsentiert werden muß.

Freilich, ob es sich stets wirklich um Wettkämpfe handelt, das ist fraglich. Sehr wahrscheinlich dagegen, daß die an der Durchführung des kosmonautischen Programms interessierten Mächte oft vorgeben, mit einem Konkurrenten um die Wette zu rennen – was sie deshalb tun, weil sie wissen, daß sie das Allgemeininteresse für ihre Projekte dann viel leichter wachhalten, und die Finanzierung ihrer Projekte dann viel leichter durchsetzen können, wenn sie die Gefahr an die Wand malen, daß es Rivalen gebe, die mit ihnen um die Wette rennen und die versuchen, ihren Projekten den Erfolg streitig zu machen. Oft ist die Konkurrenz nur ein Vorwand, denn daß jeder ihrer Schritte Teil oder Phase eines Wettrennens ist, das entspricht einfach nicht den

Tatsachen. Zu jedem Wettrennen gehören Zwei. Und für den Zweiten: in diesem Falle für die Sowjetrussen, scheinen gewisse Ziele, zum Beispiel das, auf dem Mond zu landen, das für die Amerikaner von so großer Wichtigkeit gewesen ist, nicht im Vordergrunde zu stehen, ihnen könnte die Verwirklichung anderer Projekte vordringlicher sein. Da aber die Amerikaner die Erfahrung gemacht haben, daß Wettläufer schneller laufen als solistische Renner, halten sie es für opportun, ihren Rennern unter allen Umständen einzureden, daß sie niemals ohne Konkurrenz laufen, wie unsichtbar der Rivale auch bleiben mag; und ebenso den Zuschauern weiszumachen, daß jede Leistung, deren TV-Augenzeuge sie werden, ein siegreich bestandenes Wettrennen sei. Und zuweilen stellt man sogar den Konkurrenten als den vermutlichen Sieger von morgen dar, richtiger: zuweilen droht man sogar mit dem wahrscheinlichen Siege des Rivalen, der allein dann abgewendet werden könne, wenn die notwendigen Mittel für den ja noch nicht ganz unmöglich gewordenen eigenen Triumph noch rechtzeitig zur Verfügung gestellt werden würden.

Vermutlich würde ein Studium der Sozialgeschichte des Sports zeigen, daß dessen offizielle Bedeutung und dessen Rolle im emotionalen Leben der Völker nur deshalb so gewaltig hatte anschwellen können, weil der Sportkampf den wirtschaftlich zu kurz Gekommenen, den von wirtschaftlicher Konkurrenz Ausgeschlossenen – und die sind natürlich überall in der Überzahl – die Gelegenheit einer Ersatzbefriedigung geschenkt hat: die Chance nämlich, mindestens als Spieler an Wettkämpfen teilzunehmen und in diesen zu siegen; oder (was eine Ersatzbefriedigung zweiten Grades, nämlich eine innerhalb der ersten Ersatzbefriedigung darstellt) die Chance, als Parteigänger dieses oder jenes Teams mindestens zuschauend den Spielsieg zu genießen – wodurch sie ihre im wirklichen Leben aufgestaute und frustrierte Konkurrenzgier abreagieren können. Die durch Spiele oder durch Beobachtungen von Spielen aufgewühlten Leidenschaften der Solidarisierung, der Angst, des Hasses, der Mißgunst, des Triumphes sind ungeheuer groß; so groß, daß ihnen sogar die wirtschaftlich Selbständigen, die Ersatzbefriedigung eigentlich garnicht nötig hätten, zum Opfer fallen. Die Industriekapitäne und die führenden Politiker sitzen, gewissermaßen als betrogene Betrüger, genauso atemlos vor den Bildern der Baseball-Kämpfer oder vor denen der aufsteigenden Raketen, wie die ohnmächtigsten fellow Americans – tatsächlich ist *der Sportfuror zum emotionalen Generalnenner innerhalb der Klassengesellschaft* geworden. (Daß in sozialistischen Ländern die Sportbegeisterung häufig noch höhere Wellen schlägt als in kapitalistischen, erklärt sich aus der einfachen Tatsache, daß dort die Chancen wirtschaftlichen Wettbewerbs restlos ausgetilgt sind.) Gleichviel: was die so solidarisch gewordenen Zuschauer beim Abschuß ihrer Raketen befürchten, ist nicht etwa, eines Tages durch die atomkopf-bestückten Raketen ihrer Rivalen zugrundezugehen – unter dieser Angst leidet kein einziger Amerikaner. Was sie befürchten, und sogar panisch, ist vielmehr, daß ihre Raketen eines schlimmen Tages durch die Leistungen rivalisierender Raketen besiegt werden könnten.

Ihre Werbung für die ihnen gewiß bitter ernste Sache der Raumfahrt und für deren Finanzierung heizen die Interessenten also dadurch an, daß sie jedes Raumfahrtunternehmen als ein sportliches Kampfspiel präsentieren, das unter garkeinen Umständen verloren werden dürfe, da ein solches Mißlingen nicht nur ein banales, morgen schon vergessenes, Mißgeschick darstellen würde, sondern eine nationale Schande. Kurz – und die Einsicht in diese Kehrtwendung ist wesentlich für das Verständnis dessen, was heute vor sich geht: Da die Interessenten der Weltraumflüge wissen, daß das Millionenpublikum nichts ernster nimmt als Spiele, und daß in den Augen dieses Publikums nur dann etwas „auf dem Spiel zu stehen“ scheint, oder gar alles „auf dem Spiel zu stehen“ scheint, wenn es sich um *Spiele* handelt, aus diesem Grunde klassifizieren die Interessenten der Weltraumflüge diese als Spiele, die nun natürlich genausowenig verloren werden dürfen wie etwa die nationalen Kampfspiele auf den Olympiaden.

IX

Warnung vor der Präzision

Ein beträchtlicher Teil des Textes war bereits niedergeschrieben, ehe das – ich lasse mit gutem Gewissen die Anführungszeichen aus – größte Abenteuer der Geschichte, also die erste Mondlandung und die Rückkehr vom Monde zur Erde gelungen war. Durch das Gelingen dieses Unternehmens, das auch ich, stundenlang und atemlos vor dem Schirm sitzend, miterlebt habe, sind die vor diesem Ereignis niedergeschriebenen Reflexionen, auch die extrem skeptischen, nicht ungültig geworden. Viele der Rundfunk-, Fernseh- und Zeitungskommentare des Unternehmens zeigen schon heute, daß meine Kritik durchaus nicht nur meine ist. Es hat sogar den Anschein, als wenn die Enormität dessen, was wir miterlebt haben, manchen Zeitgenossen, auch solchen, die sonst unphilosophisch bleiben, einen so tiefen Schock versetzt hätte, daß sie nun dazu befähigt waren, Erfahrungen, für die sie eigentlich nicht „gebaut" waren, und die sie vorher niemals hätten machen, geschweige denn formulieren können, auszusprechen. Ob und wie lange dieser Zustand anhalten wird, ist eine andere Frage.

Wenn ich das Wort „Schock" verwende, so weil es nichts Entsetzlicheres gibt als die „klaglose" Präzision der Zusammenarbeit der zahllosen winzigsten Apparatteile und den tadellosen Gehorsam, mit dem diese Teile den ihnen aus weitester Entfernung übermittelten Anweisungen in infinitesimalen Bruchteilen von Sekunden nachgekommen sind. Diese Präzision ist deshalb so entsetzlich, weil nicht der mindeste Anlaß dazu vorliegt, anzunehmen, daß die Kriegsinstrumente von morgen weniger „klaglos" funktionieren werden als die uns gestern vorgeführten friedlichen Instrumente funktioniert haben. Was ich beim Blick auf die erste gelungene Mondlandung vor mir sah, war das Bild der morgigen Raketen, der Kriegsraketen, die ihre Pflichten genau so „klaglos“ durchführten wie die Friedensraketen von gestern, die ja ohnehin nur Nachzügler und verspielte Spielarten der ursprünglich zu Zerstörungszwecken konzipierten und auch heute noch nur Geschwister der zu Zerstörungszwecken gebauten Kriegsraketen sind. Man mißverstehe nicht. Gewiß habe ich, vor dem Fernsehschirm sitzend, nicht weniger angstvoll um die drei Männer gebangt und auf deren gesunde Heimkehr gehofft als die Millionen von anderen Fernsehern; und gewiß war ich nicht weniger erleichtert als diese, als die Drei wirklich heil zurückgekehrt waren. Aber außerdem – ich weiß: diese Worte müssen mißverstanden und mißzitiert werden, aber trotzdem dürfen sie nicht unausgesprochen bleiben – außerdem habe ich, wie ich es nun nachträglich weiß, in einem Winkel meiner Seele heimlich gefürchtet, das Unternehmen könnte tadellos ausgehen. Noch einmal: Diese Furcht darf nicht mißdeutet werden, denn nicht den Dreien galt sie, sondern der Zukunft der Menschheit. Solange ich vor dem Fernsehschirm saß, war es mir einfach keinen Augenblick lang möglich zu vergessen, daß diese Expedition (gleich ob sie bewußt und willentlich als solche veranstaltet war oder nicht) objektiv gesehen eine *Probe* war, die Generalprobe für den Ernstfall, und das heißt: für den Krieg und die Endkatastrophe. Der von dem ehemaligen Secretary of State Rusk zur Kennzeichnung des Vietnamkrieges bzw. zur Einschüchterung unbotmäßiger Völker eingeführte (und unbestreitbar kriegsverbrecherische) Begriff des „*Testkrieges*“[1] hat heute eine beinahe universelle Geltungsbreite angenommen – womit ich meine, daß es heute keine Aktion größeren Stils mehr gibt, die nicht, mindestens nachträglich, als ein „Test“ funktionieren könnte. Wenn ich also das Gelingen des Mondunternehmens nicht nur wünschte, sondern auch befürchtete (wie gesagt: heimlich, auch vor mir selbst heimlich) dann deshalb, weil ich wußte, daß, wenn die tödliche Präzision, die dieses Unternehmen erforderte, nicht eingehalten werden würde, deren „Generalproben“- und „Test“-Wert geringer werden würde, und daß damit das Gelingen der wirklichen „Aufführung“ etwas fraglicher, mindestens um eine Gnadenfrist herausgeschoben sein würde. Im Erfolg

[1] Siehe d. Verf. ‚Visit Beautiful Vietnam‘, S. 170.

der „Generalprobe“ sah ich dagegen die Bürgschaft für die äußerste Verläßlichkeit der nun wirklich auf Tod abzielenden Kriegsmaschine, also letztlich die Bürgschaft für unseren Untergang.

Auschwitz und Maidenek waren wahrhaftig schon genug gewesen. Aber verglichen mit der Minutiosität und der Verläßlichkeit der Arbeit der Apollo 11-Rakete, war die Arbeitsqualität und Verläßlichkeit der Vernichtungslager noch grobschlächtig und lückenhaft gewesen: Auch heute leben ja noch einige „Glückliche“, die in der Hölle der damaligen Lager eigentlich hatten vernichtet werden sollen, die aber hatten entrinnen oder die Dauer der Lager hatten überleben können. Auf solche, der mangelnden Qualität der Maschine zu verdankenden Glücksfälle zu hoffen, ist heute sinnlos geworden. Menschen, die der morgigen Vernichtungsmaschinerie entrinnen, oder die diese überdauern werden, wird es – das hat das Gelingen der Mondexpedition bewiesen – nun nicht mehr geben. Es liegt nicht der mindeste Anlaß zu der Vermutung vor, daß die Durchführung unseres Unterganges weniger genau vor sich gehen und weniger perfekt gelingen werde, als der Flug Erde–Mond–Erde gelungen ist. Wer dieses Gelingen heute beglückt bejubelt, der bejubelt damit ahnungslos die morgige Aufführung des letzten Unglücks, für das die gestrige Mondlandung als Generalprobe funktioniert hat.

ANHANG

Über Wernher von Braun

Raketen? Letztlich Hitlers verzweifeltem Versuch, doch noch zu siegen. Und dann der Niederlage Hitlers. Genauer: denjenigen Männern, die auf ihres „Führers" Anweisung hin in hektischer Team-Arbeit die V I- und die V II-Raketen konstruierten, um der Naziregierung die Chance zu verschaffen, London in Schutt und Asche zu legen – was ihnen ja auch in weitestem Umfange gelungen ist. Hinter der Erfindung stehen letztlich also Kriegsingenieure, ohne die gewisse Kriegsverbrechen Hitlers nicht möglich gewesen wären. Als Kriegsingenieure hatten sie zwar nicht begonnen, denn bereits im Jahre 32 hatten sie sich zu einer Gruppe zusammengetan, ein gewisser Reichswehroffizier namens Dornberger hatte damals Mitarbeiter, unter diesen Wernher von Braun, um sich gesammelt. Aber sind sie durch die Harmlosigkeit ihres frühen Beginns absolviert? Wären sie das, dann gäbe es, abgesehen von denen, die direkt auf den Krieg hingearbeitet hatten, überhaupt keine Schuldigen.

Tatsächlich war v. Braun, wie er selbst mitteilt, im Jahre 44 unglücklich darüber, daß er außerstande war, perfekte Vernichtungswaffen vorzuführen – in seinen eigenen Worten: „zu verzweifelt, um die Besucher aus dem Führerhauptquartier, die die Raketen-Bauanlage besuchten, ‚vertrösten' zu können". Von „vertrösten" spricht er aber deshalb, weil seine „Wunderwaffe" noch immer nicht „mehr als 30 Prozent der geschossenen Raketen so auf die Erde zu dirigieren" vermochte, „daß sich ein regulärer Aufschlag" ergab. So also klagte Wernher von Braun, nachdem er „von seinem Chef alarmiert nach der Verlegung der Raketenfabrik und der Rampen aus Peenemünde nach Blizna (bei Krakau) geflogen war". Denn es kam darauf an, Raketen zu bauen, die „von Berlin nach New York gefeuert werden" konnten. Die Sache ist für v. Braun damals um so peinlicher gewesen, als

Hitler „schon am 4. 1. 44 befohlen hatte, daß die Vergeltungsoffensive gegen England am 15. 2. 44 zu beginnen“ habe.[1]

Die Raketen-Ingenieure mit-schuldig zu nennen, ist also nicht zu schroff. Was zählt, ist, daß diese Männer, als es darauf ankam, keine Scheu hatten, ihre Ingeniosität den kriminellen Wünschen Hitlers zur Verfügung zu stellen. Tatsächlich haben sie auch Tausende der ihnen geglückten Produkte auf London niederregnen lassen, also haben sie Tausende von Toten und Verstümmelten auf ihrem Gewissen, oder richtiger: *hätten* sie diese auf ihrem Gewissen, wenn sie eines besäßen. Was man bezweifeln dürfte. Und zwar deshalb, weil sie, wie das Braun-Zitat beweist, über ihre damalige Tätigkeit auch heute noch so reden und so schreiben wie damals, nämlich so arglos, so, als wäre an ihrer damaligen Mitarbeit am Massenmord (an dem damals natürlich niemand Anstoß nahm) nicht das mindeste auszusetzen. „Da gab es“, so berichtet zum Beispiel auch heute noch ungerührt (beziehungsweise aufs schamloseste gerührt) der nunmehr vierundsiebzigjährige Dornberger, „da gab es keine Handbücher, keine bewiesenen Formeln, keine Hilfe durch wissenschaftliche Vorarbeiten.“ – Noch heute also protzt der nun alte Mann damit, und das nicht etwa in Deutschland, sondern in Amerika, vor den Verbündeten seiner Opfer von damals, daß sie, die Raketen-Konstrukteure, damals, als Hitler ihnen die Aufgabe zuerteilte, die Totalvernichtung Englands vorzubereiten, einfach mit *nichts* hatten anfangen müssen. Man stelle sich das vor: mit buchstäblich nichts. Die Ärmsten! Noch heute krampft sich einem, wenn man das hört, das Herz zusammen. Und wenn man nicht wüßte, wie spektakulär es ihnen damals gelungen ist, aus ihrem bedauernswerten Nichts doch ein Etwas: nämlich ihre Vernichtungswaffen zu erzeugen, noch heute würden wir ihnen wohl voll Erbarmen „Ihr Ärmsten!“ zurufen.

Scherz beiseite. Mit der Verwüstung Englands hatte es nicht sein Bewenden. Denn nach der Niederlage waren diese Männer sofort dazu bereit, ihr Wissen, ihr Können und ihre virtuelle Zerstörungskraft dem Gegner, für dessen Liquidierung sie noch

[1] Siehe dazu die von v. Braun autorisierte Lebensgeschichte von Bernd Ruland, z. B. in ‚Bunte Illustrierte‘, Jg. 1969, Nr. 17, S. 116 ff.

eben, um Hitler zu gefallen, im Schweiße ihres Angesichts gearbeitet hatten, zur Verfügung zu stellen, und nun für diesen weiterzuarbeiten, ganz so, als wechselten sie nur ihre Firmen, und zwar – da kann man wieder einmal sehen, wie, wenn man den längeren Atem hat, alles, sogar die Niederlage, zum besten ausschlägt – zu den günstigsten Bedingungen, da die neuen Firmendirektoren ja ungleich besser zahlten, als die Firma Hitler das getan hatte. Und auch damit noch nicht genug, denn von ihrem neuen Boß ließen sie sich ja in die allerhöchsten Positionen hinaufschieben – was nicht nur von Wernher von Braun gilt, sondern auch von Debus, der heute, statt (wie damals) Direktor von Peenemünde zu sein, nunmehr das J. F. Kennedy Space Center leitet. Und von Stuhlinger und von Enricke ebenfalls.

Freilich muß man aus Fairness zugeben, daß der Skandal nicht nur auf der Seite derer zu finden ist, die die Aufträge annahmen, sondern auch auf der Seite der Auftraggeber. Gewiß wäre es noch begreiflich gewesen, wenn die siegreichen Amerikaner jene Männer, von denen sie, beziehungsweise ihre Alliierten, so skrupellos bekämpft worden waren, nach der Niederlage Deutschlands ausgenutzt hätten. Aber was die Amerikaner taten, war ungleich mehr, war etwas total Anderes. „Sage mir, was du vergißt, und ich werde dir sagen, wer du bist." Sie vergaßen nämlich total, wer die von Brauns und Genossen gewesen waren, und was diese durch ihre Arbeit für Hitler angerichtet hatten. Es ist wohl präzedenzlos, daß Menschen ihre eigenen Möchtegernmörder auf die Schultern heben, um sie jubelnd durch die Straßen zu tragen – denn das ist es, was die Männer von Huntsville nach dem Gelingen der Mondlandung mit von Braun getan haben. Aber warum darüber staunen, da es ja selbst Kennedy, jawohl J. F. (und das sogar noch *vor* dem Gelingen der Mondfahrt, also ohne diejenige „Berechtigung", die die heutigen Enthusiasten für sich in Anspruch nehmen könnten) nicht verschmäht hat, sich mit dem munteren Mörder zusammen photographieren zu lassen. (Daß Johnson im Bunde der Dritte sein mußte, also der Dritte auf dem Photo, das ist zu selbstverständlich, als daß es eines Kommentars bedürfte.) Von Brauns Loyalität Hitler gegenüber und die Verwüstung Londons haben also die 200 Millionen und deren führende Figuren restlos verdrängt, nicht anders als von Braun selber. Man mache sich klar, was das bedeutet: daß es sich hier nicht um die Begnadigung eines Verbrechers handelt, auch nicht nur um den Persilschein für einen Schuldigen oder um dessen Integration in die Nation der USA. Vielmehr um eine Glorifizierung dieses Mannes. Heute gibt es wohl kaum ein amerikanisches Schulkind mehr, das nicht auf Wernher von Braun als Repräsentanten echt amerikanischen Piniergeistes stolz wäre.[1]

Untypisch? Wahrhaftig nicht. Ein Blick in die Blätter genügt, und ein Parallelereignis springt uns in die Augen: beinahe gleichzeitig, Ende Februar 69, reiste nämlich der ehemalige Meisterplaner des Angriffs auf Pearl Harbour, der während des zweiten Weltkrieges sehr begreiflicherweise der Liebling der aggressionsbegeisterten Japaner gewesen war, auf Einladung des US Marine-Institutes durch die Vereinigten Staaten, um die amerikanischen Militärs in die Mysterien möglicher Blitz-Attacken einzuweihen. Überflüssig, beizufügen, daß die systematische Produktion solcher Vergeßlichkeit sowohl als generös wie als christlich propagiert wird. Als generös oder als christlich gilt es mithin, wenn man Mördern deshalb vergibt, weil man sie verwenden, nämlich von ihnen neue Subtilitäten und Methoden der Aggression lernen kann.

Aber natürlich geschieht derartiges nicht nur in den USA. Mindestens ebenso unerträglich wie die Mythologisierung von v. Braun durch die Amerikaner ist die Erklärung jenes britischen Offiziers, der während des zweiten Weltkrieges, um London und sein Land zu retten, damit beauftragt gewesen war, die Raketen-Installationen von Peenemünde zu zerstören. Dieser Mann hat nun v. Braun die Botschaft zukommen lassen, er sei glücklich darüber, ihn damals beim Angriff auf Peenemünde nicht mit-

[1] Glücklicherweise stehe ich mit meiner Einstufung von v. Braun und mit meiner Indignation über die ihm in den Vereinigten Staaten eingeräumte Position nicht allein. Dazu siehe die ‚Letters to the Editors' in Newsweek vom 21. 7. 69 von P. Church, A. Mailer, A. V. McGrave und A. J. Kubany, in denen durchweg die Verwendung und Heroisierung des Verwüsters von London als „morally monstrous" bezeichnet wird.

getroffen zu haben. Die Großzügigkeit und Christlichkeit, die diesen Brief diktiert zu haben scheinen, sind genauso fehl am Platze wie die Mythologisierung v. Brauns durch die Amerikaner. Die Rechnung, die der Erklärung dieses britischen Offiziers zugrundeliegt, lautet: *Die Erreichung des Mondes ist so wichtig, daß sie die Tatsache der Mitarbeit am Massenmord ungültig macht.* Wer, wie dieser britische Offizier, dem Mann am Zeichentisch, den er hätte unschädlich machen sollen, dazu gratuliert, daß er ihn nicht getroffen habe, da durch einen Treffer vielleicht eine viele Jahre später eintretende technische Wundertat verhindert worden wäre, der könnte auch dem Konstrukteur der Vergasungsanlagen von Auschwitz, wenn sich aus dessen Methode der Massenliquidierung zufällig eine andere wichtige Erfindung entwickelt hätte, nach 25 Jahren zu dessen Überleben gratulieren. Natürlich kann keine Rede davon sein, daß von Braun durch diese generöse und christliche Botschaft des britischen Offiziers entlastet wird. Wahr ist vielmehr, daß sich dieser durch seine, an den heutigen v. Braun gerichtete, Botschaft zum Komplizen des damaligen v. Braun gemacht hat. –

Noch schlimmer ist die Gleichgültigkeit, die heutige Deutsche der v. Braunschen Tätigkeit in Peenemünde gegenüber beweisen. Seit einigen Monaten erhebt sich zum Beispiel auf deutschem Boden, in dem hessischen Nest Schwebda, das erste Wernher-von-Braun-Denkmal. Seit der Errichtung der (längst gestürzten) Stalin-Monumente ist dieses wohl die erste einem Verbrecher zu Ehren aufgestellte Statue. Hat man einmal eine Photographie dieses Monuments gesehen, dann kann man freilich nur denken: das geschieht v. Braun recht. Denn dieser bronzene Himmelsstürmer, dessen Sakko und Krawatte mit höchster Porträtähnlichkeit getroffen sind, ist dazu verurteilt, auf einem winzigen Globus zu balancieren, und dabei sogar noch in seiner Rechten eine kleine Rakete hochzuhalten und diese – was ja den Tatsachen nahekommt – zum ersten, zum zweiten ... dem meistbietenden Bewerber zu offerieren.

Von der gleichen moralischen Qualität ist schließlich die (in Newsweek erwähnte) Bemerkung eines deutschen Reporters, der seinem Erstaunen darüber Ausdruck gibt, daß die ehemaligen (nun zur DDR gehörigen) Bürger von Peenemünde nicht stolz darauf seien, am Geburtsort der Raketen leben zu dürfen und mit diesem Platz „überhaupt keinen Kult“ trieben. Diese Kultlosigkeit bestaunen kann nur einer, der das Gegenteil für selbstverständlich hält. Der Reporter hatte also offenbar erwartet, daß heutige Bürger von Peenemünde in der Tatsache, daß an ihrem Orte die Verwüstung von London und von anderen Städten vorbereitet worden war, einen Anlaß zum Lokalstolz sehen würden.

Die letzte und endgültige Bestätigung dafür, daß die ursprüngliche Rolle von v. Braun total vergessen bzw. verdrängt worden ist, die liefern uns – und damit kehren wir zu unserem eigentlichen Thema zurück – die Mondflieger selber: es waren die Apollo-11-Astronauten. Die Drei haben nämlich, als sie kürzlich, im Februar 70, der deutschen Bundesrepublik einen Besuch abstatteten, auf einer Pressekonferenz in Bonn, vermutlich aus Höflichkeit, „den großen Anteil der Deutschen am Gelingen des Unternehmens“ herausgestrichen. Es kann kein Zweifel darüber bestehen, daß sie damit nur die Verdienste v. Brauns und seiner Mitarbeiter gemeint haben können. Nicht genug also, daß sie dem Mit-Erfinder jener Massenvernichtungsmittel, die ihnen selbst, mindestens ihren Alliierten, zugedacht gewesen waren, und die dem Hitlerreich den Kriegstriumph hatten bringen sollen, nichts verübeln; darüber hinaus muten sie auch den Deutschen des Jahres 70 zu, auf diesen Spieß- und Raketengesellen Hitlers stolz zu sein. Und vermutlich haben die Kosmonauten, wenn sie annehmen, den Deutschen durch das Lob v. Brauns zu schmeicheln, garnicht so unrecht, wahrscheinlich waren die Zuhörer der Sprecher wert, und die Sprecher der Zuhörer. In dieser moralisch total desorientierten und aufs tiefste deprimierenden Situation wirkt die Nachricht, mit der wir diesen Anhang schließen wollen, daß nämlich der Postminister von Panama das unwiderstehliche Bedürfnis verspürt habe, eine der panamesischen Briefmarken mit dem Gesicht v. Brauns zu schmücken, geradezu befreiend. Denn diese Idee bleibt ja durch ihre extreme Absurdität fern von aller Anstößigkeit.